AÉROSTAT

DIRIGEABLE

À VOLONTÉ.

AÉROSTAT

DIRIGEABLE

A VOLONTÉ.

A l'aide de cette machine, les voyages qu'on entreprendra, quelque grands qu'ils soient, seront terminés avec succès.

Par M. le Baron SCOTT,

Capitaine de Dragons, attaché au Régiment, ci-devant des Pyrennées, actuellement de la Guyenne.

A PARIS,

Chez MARADAN, Libraire, rue des Noyers, N°. 33.

AVEC APPROBATION, ET PRIVILÈGE DU ROI.

1789.

A

MESSIEURS

DE MONTGOLFIER,

FRÈRES.

MESSIEURS,

Les aérostats vous devant leur existence, je manquerois à la reconnoissance, lorsque j'ai été assez heureux pour apercevoir les moyens qui doivent concourir à procurer la direction de ces machines, si je ne vous rendois pas hommage de cette découverte. Accueillez-les donc, je vous prie, ces moyens ; et après les avoir discutés avec l'attention que mérite leur importance, aidez-moi de vos conseils, pour les mettre à exécution.

C'est la grace qu'ose vous demander celui qui a l'honneur d'être,

MESSIEURS,

Votre très-humble et très-obéissant serviteur,

SCOTT.

PRÉFACE.

Si je n'avois à offrir à mes compatriotes que la répétition d'expériences, qui toutes n'ont eu pour but que de prouver que les corps graves peuvent être enlevés dans les airs, à l'aide des aérostats, je me garderois bien, toute importante qu'est par elle-même la découverte qui a donné lieu à ces expériences, de détourner leur attention, fixée sur les plus grands objets d'administration, pour leur donner, en échange, la description d'une machine, dont on ne pourroit attendre que le même résultat.

Mais celle dont je mets la figure sous leurs yeux, afin qu'ils puissent mieux en juger, offre avec ce résultat intéressant de l'ascension, celui inespéré de la direction : la description d'une telle machine peut donc bien faire diversion aux objets les plus sérieux, puisqu'elle en présente un des plus intéressans à discuter.

Ce n'est d'ailleurs que sous ce point de vue qu'ils doivent envisager l'ouvrage que je soumets à leur censure, n'ayant point écrit pour écrire, mais seulement pour démontrer que les aérostats, que jusqu'ici on avoit cru indirigeables, seront dirigés à volonté, lorsqu'ils auront reçu les diverses sortes de perfection, dont ces machines étoient susceptibles.

Quoique cette vérité soit une de celles qui sont difficiles à croire, j'ose cependant espérer qu'ils n'auront pas besoin d'attendre l'expérience, pour en demeurer convaincus.

DÉFINITION

Des mots consacrés aux sciences et aux arts, ainsi que de ceux peu usités, employés dans cet ouvrage.

ORDRE ALPHABÉTIQUE.

Affinité. Se dit en chymie, de la disposition que les substances ont à s'unir.

Amarre, terme de marine. Cordage qui sert à attacher un vaisseau.

Ambiant, terme de physique. Qui entoure, qui enveloppe.

Appendice, ou supplément a un ouvrage. Dans l'acception dont il est question, veut dire, tuyau de même étoffe que le reste de l'enveloppe d'un aérostat, établi pour l'introduction du gaz.

Cap, terme de marine. Avoir le cap à tel air de vent, veut dire avoir la proue du vaisseau dirigée vers ce point de l'horison.

Champ. Mettre de champ, en termes de mécanique, veut dire poser des planches, des briques, des pierres, etc. sur la face la moins large.

Cingler, terme de marine. Naviguer à pleine voile vers un point de l'horison.

Debout, terme de marine. Vent debout veut dire, vent absolument contraire.

Déperdition, terme didactique. Perte, qui cause déchet, dépérissement.

Dériver, terme de marine. Être emporté hors de sa route par les vents, ou les courants.

Désemparer. En terme de marine, signifie démater un vaisseau, ruiner ses manœuvres et le mettre hors d'état de servir.

Diagonale, terme de géométrie. Ligne qui va d'un angle d'une figure rectiligne à l'angle opposé, en passant par le centre de cette figure

Dunette, terme de marine. Le plus haut étage de l'arrière d'un vaisseau.

Équatorial, terme d'astronomie. Qui est sur l'équateur.

Garcettes, terme de marine. Cordes tressées, qui servent à rider les voiles.

Gaz, ou air inflammable, terme de chymie. La partie volatile des animaux, des végétaux, ou des minéraux.

Genou, terme de mécanique. Boule emboîtée de manière qu'elle peut tourner en tous sens.

Gissement, terme de marine. Situation des côtes de la mer.

Glotte, terme d'anatomie. Petite fente de la partie supérieure de la trachée-artère, par laquelle l'air que nous respirons entre et sort. Voyez ci-après trachée-artère.

Grave. Corps grave, terme didactique, corps pesant.

Gravité. Centre de gravité. On appelle ainsi le point par lequel un corps pesant étant suspendu, demeureroit en repos. Le centre d'ascension devroit donc être le point où un corps léger, retenu par une force quelconque, resteroit aussi en repos.

Habitacle. En terme de marine, est une armoire faite entièrement de bois, sans aucun fer, dans laquelle on renferme la boussole, la lumière et l'horloge.

Immergé, terme de physique, qui nage dans un fluide.

Imperméable, terme créé par les chymistes modernes. Qui ne peut laisser craindre aucune entrée, ni aucune sortie à un fluide, et dans l'acception dont il est ici question, aucune déperdition de celui contenu dans l'enveloppe d'un aérostat.

Isocèle, terme de géométrie. Triangle dont les deux côtés sont égaux.

Lentile. En terme de mécanique est un poids de forme lenticulaire, qui est attaché à l'extrêmité du pendule. Voyez ci-après pendule.

Motrice. Force qui donne le mouvement.

Orifice, terme d'anatomie. Ouverture étroite, qui sert d'entrée et de sortie à certaine partie du dedans du corps d'un animal. Ce terme est applicable aux vases et aux machines, qui ont de semblables ouvertures.

Parage, terme de marine. Espace de mer où les vaisseaux se trouvent dans leur course.

Parallèlogramme rectangle, terme de géométrie. Figure dont les côtés sont parallèles et les angles droits. Un carré long est un parallèlogramme rectangle.

Pavois. En terme de marine, se dit d'une tenture de toile, ou de drap, qu'on met autour du plat bord d'un vaisseau, soit dans un jour de réjouissance, soit dans un jour de combat.

Pendule, terme de mécanique. Un pendule est un poids attaché à une verge, ou à un fil, qui, par ses vibrations, règle les mouvemens d'une horloge.

Pneumatique, machine, terme de physique. Machine avec laquelle on pompe l'air.

Ralingues, terme de marine. Cordes que l'on coud autour des voiles, pour en renforcer les bords.

Rare. En terme de physique, se dit d'un corps dont les parties sont peu serrées. Il est opposé à compacte, ou dense. Plus les corps sont rares, plus ils sont légers.

Raréfié, terme didactique. Ce qui arrive dans un corps, lorsque, par la dilatation, il vient à occuper plus d'espace qu'il n'en occupoit auparavant.

Risée. Qui se dit d'un éclat de rire ; en terme de marine, veut dire un petit coup de vent subit et inattendu.

Saturé, terme de chymie. Etre rempli au point de ne pouvoir plus rien recevoir. Une substance est à saturation avec une autre, lorsqu'il ne peut plus s'y faire de mélange.

Soupape, terme de mécanique, sorte de languette, soit dans une pompe, soit dans un instrument à vent, pour donner passage à l'eau, ou à l'air.

Sourliure, terme de marine. Opération par laquelle une corde a été fortement tournée sur le bout d'un cable, pour garantir cette partie du frottement.

Spécifique, terme de physique. Rapport spécifique est le rapport qui se trouve entre le poids d'un corps ou d'un fluide, avec le poids d'un autre corps, ou d'un autre fluide.

Trachée-artère, terme d'anatomie. Canal qui porte l'air aux poumons.

TROMBE, terme de marine. Tourbillon, ou nuage creux, qui descend sur la mer, en forme de colonne.

TYPE, terme didactique. Figure matrice, originale.

ZINC : autrement antimoine femelle. Demi-métal.

AÉROSTAT
DIRIGEABLE A VOLONTÉ.

LORSQU'ON a décidé qu'on ne parviendroit jamais à diriger les machines aérostatiques, on entendoit sûrement celles de ces machines avec lesquelles on a fait les expériences ascensionnelles; en effet, elles avoient reçu une forme (celle sphérique) qui s'opposoit si invinciblement à leur direction, que ce n'est pas sans raison qu'on avoit jugé qu'il seroit toujours impossible de leur adapter des agens qui eussent l'excès de puissance indispensable à l'effet qui doit être produit, pour procurer la direction. Aussi n'est-ce point de semblables machines dont j'entends parler, lorsque j'en annonce une qui sera dirigée à volonté; mais d'un aérostat dont la forme permettra cet excès de puissance aux agens dont il sera muni; lequel aura une enveloppe constamment imperméable, et assez solide pour résister au frottement du courant d'air contre lequel on le fera cingler.

Telles seront les perfections de ce nouvel aérostat. Ce sont celles qu'il eût au moins fallu donner à ces machines, avant de rien décider contre leur direction.

Cette vérité, qui auroit dû engager les savans à motiver leur décision sur la prétendue impossibilité de pouvoir adapter aux aérostats les agens qui devoient leur procurer la direction, étant la base d'une théorie dont j'ai les principes à établir, je vais d'abord la mettre dans toute son évidence; je ferai ensuite l'exacte description de chacune des choses qui doivent composer l'ensemble de la machine dont je propose l'exécution; et, après avoir démontré que les agens qui y seront adaptés produiront vraiment les effets que j'annonce, je donnerai une idée de la navigation aérienne, ainsi que des avantages qui résulteroient de ce nouvel art mené à sa dernière perfection.

Tel est l'ordre qui règnera dans ce traité, sommaire d'un autre plus étendu auquel je travaille. Mais avant d'entamer une matière aussi importante, il est nécessaire de rechercher si ce qui a été fait jusqu'ici, à l'égard de ces machines, a pu fonder l'opinion dans laquelle il paroît qu'on est resté contre la possibilité de leur direction; cette recherche devant en faire connoître l'insuffisance et la légéreté.

MM. de Montgolfier ayant, comme on sait, jugé qu'une vapeur quelconque, plus légère que l'air ambiant, renfermée dans une enveloppe d'un foible poids, devoit nécessairement, si le volume de cette enveloppe avoit une certaine grandeur, lui conserver assez de force d'ascension pour que renflée elle pût enlever des corps graves, construisirent cette enveloppe en toile couverte de papier, d'une forme à-peu-près sphérique ; l'ayant remplie de fumée, le ballon enleva en effet ces corps et les soutint dans l'espace, tant que put subsister son excès de légéreté sur l'air qu'il déplaçoit. Cette expérience, toute simple qu'elle paroît, dut leur mériter une couronne, puisque c'étoit une grande découverte, et que cette découverte étoit le premier pas vers une infinité d'autres, qui auroient sûrement eu leur effet, si l'esprit imitateur n'avoit pas été le guide de tous ceux qui ont répété leur expérience.

En effet, qu'ont imaginé de nouveau ou d'intéressant, à l'égard de cette découverte, ceux qui pourtant ont eu la prétention d'avoir beaucoup ajouté à sa perfection? Les uns, il est vrai, ont substitué le taffetas gommé à la toile couverte de papier; les autres le gaz à la fumée. Mais il étoit indispensable de trouver des moyens de direction aux aérostats: c'étoit même le seul but où l'on aspiroit; c'étoit en effet la grande perfection à donner à ces machines, sans quoi, toutes superbes et étonnantes qu'elles sont par elles-mêmes, elles ne s'offroient sous aucun point de vue d'utilité, et cette forme sphérique qui sûrement ne leur avoit été donnée telle par leurs inventeurs, que parce qu'à surface égale elle procure le plus de force d'ascension possible, et qu'il paroît qu'ils n'avoient eu d'abord que cet objet en vue, n'a pas seulement été reconnue comme absolument opposée aux moyens qu'on auroit pu employer pour y parvenir (on doit le croire ainsi, puisqu'on la leur a si constamment conservée); car on ne doit pas plus parler des agens qui leur ont été si superficiellement adaptés, puisqu'ils ne pouvoient procurer d'effets sensibles qu'ils ne leur fussent comme identifiés ; que de ce lest et de cette soupape, dont on a fait un si constant usage pour se procurer l'ascendance et la descendance.

De si foibles moyens, dont il ne devoit résulter rien de réel ni de permanent, n'auroient donc pas dû, en effet, établir sur un fondement solide l'opinion qui subsiste qu'on ne pourra jamais diriger les aérostats : cependant des physiciens, dont quelques uns étoient même méchaniciens de profession, montant tour-à-tour ces machines, pouvoient laisser imaginer (leur ascension étant prouvée par l'expérience même) qu'ils en cherchoient la direction, et persuader que, puisqu'ils ne l'avoient pas trouvée, elle étoit introuvable : c'est sans doute ainsi que cette opinion se seroit perpétuée, si on n'en avoit jamais prouvé la fausseté.

On ne pouvoit cependant s'empêcher d'être détrompé par des effets aussi généraux et si visibles que ceux qui sont produits par les agens des oiseaux et des poissons. Car si ces animaux, les uns pesant beaucoup plus que le milieu rare qu'ils parcourent ; les autres en habitant un qui, par sa densité et son manque de ressort, leur oppose toujours une très-grande résistance, sans jamais leur procurer les mêmes moyens de la vaincre, peuvent l'un et l'autre trouver assez de force pour se soutenir dans ces milieux, les traverser, même surmonter l'obstacle que leur oppose le vent le plus impétueux, ou le torrent le plus rapide, pourquoi les aérostats qui ont sur les uns l'avantage de peser moins que celui qu'ils traversent, et sur les autres, que le ressort de ce milieu les aideroit infiniment à vaincre sa résistance, ne pourroient-ils pas en obtenir d'assez puissans pour les faire se soutenir contre son plus léger courant? (car c'est ainsi qu'on paroît l'avoir décidé) Auroit-ce donc été pour ces machines seules qu'il ne pouvoit exister de point d'appui dans l'atmosphère? (C'est en effet aussi l'objection qu'on a toujours fait) ou bien la méchanique, cette science qui étonne souvent moins par ses effets que par la simplicité de ses moyens, ne pouvoit-elle absolument leur prêter son secours? Falloit-il en juger ainsi, parce que les petits moyens employés dans quelques unes des expériences ascensionnelles, lesquelles ne pouvoient pas même produire un petit effet, nous ont toujours fait trouver en défaut? Auroit-on dû d'ailleurs se laisser abuser par ceux qui, ayant été presque divinisés pour quelques lieues parcourues dans l'atmosphère, au gré du courant d'air qui les emportoit, avoient un si grand intérêt à laisser croire à cette impossibilité de direction, qui seule pouvoit les excuser du peu de recherches qu'ils ont faites pour la trouver.

Loin donc à jamais de vous, lecteurs, un préjugé si contraire à la perfection d'une machine des effets de laquelle vous n'avez pu vous empêcher d'être étonnés, même lorsque tournant sur son axe vertical, elle voguoit au gré du fluide par lequel elle étoit emportée! Vous avez tant desiré sa direction! Eh bien! jouissez donc déjà de la nouvelle surprise où vous serez, lorsque, contre votre attente, vous la verrez, ainsi qu'un vaisseau en pleine voile, ou plutôt une galère armée de forts rameurs, et avec une égale précision, obéir aux volontés d'un pilote habile, qui la conduira, par le plus court chemin, à sa destination exacte; car les aérostats, qui ne furent jamais indirigeables, seront vraiment dirigés par les moyens que vous allez connoître.

Pourquoi n'auroit-on pu obtenir ce résultat, ces machines, comme je viens de le faire observer, ayant sur les oiseaux l'avantage d'être plus légères que le fluide qu'elles déplacent, et sur les poissons que l'air, par son ressort, doit infiniment ajouter à la puissance des agens qui leur seront adaptés?

La plus grande des erreurs étoit donc celle de croire que pour parvenir à diriger les aérostats, il auroit fallu pouvoir leur adapter des agens de très-grande dimension, tels que ceux dont les oiseaux sont munis, puisque, bien moindres que ceux des poissons, ils auroient produit un très-grand effet. Il ne s'agissoit cependant que d'assimiler ces machines à ces derniers animaux pour appercevoir quel auroit dû être cet effet, lorsque ces agens, ainsi que les leurs, auroient été en rapport des résistances, des surfaces et des masses. Donc, si les poissons, dans un milieu d'une très-grande densité, par conséquent d'une très-grande résistance, remontent les torrens les plus rapides, malgré la foiblesse, du moins apparente, des leurs; et si les oiseaux, quoiqu'avec ce grand excès de pesanteur sur celui qu'ils déplacent, qui paroîtroit devoir s'y opposer, ou du moins nécessiter de fréquens repos, y font cependant de très-longues stations et des trajets incroyables contre le vent le plus violent, quel chemin ne devroit-on pas attendre en direction, d'un aérostat d'une forme dirigeable, muni d'agens puissans convenablement adaptés ?

On n'a donc aucune raison valable à donner à l'appui de cette croyance où l'on est de l'impossibilité de l'obtension de la direction des aérostats, puisque tout démontre la facilité qu'on auroit pu trouver dans la recherche des moyens qui devoient procurer ce résultat. Les oiseaux vont contre le vent, les poissons contre le courant; car on ne peut pas dire des poissons, ainsi que des oiseaux (lesquels cherchent à s'immerger dans un courant d'air qui leur soit favorable), que lorsqu'ils franchissent les cascades, ils trouvent aussi un courant d'eau qui leur en facilite les moyens, puisque ce courant fait bien certainement effort dans un sens opposé à leur direction. Si donc des animaux d'espèces si différentes, à tant d'égards, obtiennent cependant de leurs agens des résultats presque semblables par des procédés qui leur sont propres, n'étoit-ce pas des données bien capables de conduire à la solution de ce grand problême (des moyens à employer pour procurer la direction aux aérostats), puisque si, loin d'être arrêtés par ces obstacles, ils les surmontent presque sans peine, ce ne peut être que par la pression de ces agens sur autant de parties des milieux parcourus par eux, qu'ils peuvent en embrasser; ces milieux sont donc l'un et l'autre résistans? Comment ne le seroient-ils pas, particulièrement celui que les oiseaux parcourent, et qui doit être parcouru par les aérostats, lorsque chacune de ses parties primitives sont autant de ressorts (1)? Ce sont donc

(1) Je fais abstraction des parties primitives

ces ressorts, par leur détente ou réaction continuelle sur les agens qui les compriment, qui portent la masse dont ces agens font partie, du côté où elle est dirigée.

Mais si ces ressorts ainsi comprimés, peuvent, par l'effet de cette détente ou réaction, soutenir dans ce milieu des animaux qui ont sur lui un grand excès de pesanteur, même les y faire voyager contre un vent qui résiste et les entraîne; comment, lorsqu'ils le seroient par les agens d'une machine qui auroit un excès de légéreté sur ce milieu,

---

du milieu habité par les poissons, puisqu'on sait que quoique plus déliées que celle de l'air, elles n'ont cependant de ressort que celui qu'elles obtiennent des globules d'air dont elles se sont saturées. Mais comme ces parties tendent également à se remplacer pour se remettre en équilibre, il en résulte presque le même effet.

ne pourroient-ils pas également, par cette réaction, la transporter où bon sembleroit ?

Que répliquer à cette conséquence, et qui de nous, sans un entêtement impardonnable, pourroit continuer à prétendre qu'il ne peut y avoir dans l'atmosphère de point d'appui pour les agens des aérostats, par conséquent que ces machines sont indirigeables ? Pour le prouver, il faudroit pourtant, ou nier l'existence de ce point d'appui pour les agens des oiseaux, ou soutenir que quoiqu'il existe puissamment pour ceux de ces animaux, il ne peut cependant exister pour ceux de ces machines : ce qui, d'une part, seroit aller contre l'évidence, et de l'autre, soutenir un paradoxe des plus absurdes.

Ce point d'appui existe donc tellement pour les agens des aérostats, ainsi que pour ceux des oiseaux, que, s'il n'existoit pas, ce seroit en vain que ces animaux feroient des efforts pour s'élever et se soutenir dans l'air ; ces efforts seroient nuls, comme ceux qu'ils tenteroient dans le vuide, s'ils pouvoient y vivre un moment.

On ne peut donc révoquer en doute l'existence de ce point d'appui ; mais comme cette existence ne devoit se manifester que pour celles de ces machines auxquelles on auroit adapté des agens plus puissans que l'obstacle à vaincre, et que cet excès de puissance ne pouvoit être obtenu, par ces agens, tant que cette forme sphérique qui s'y oppose invinciblement auroit subsisté, il falloit donc la remplacer par une autre qui en facilitât les moyens, et cette forme ne pouvoit être que la plus alongée possible : ce que je vais démontrer, après avoir rappellé que c'étoit la forme donnée aux aérostats, et non le manque d'appui dans l'atmosphère, l'atmosphère, qui s'opposoit à leur direction.

Pour démontrer, d'une manière sensible, que sans cette forme alongée, on ne pouvoit obtenir de direction aux aérostats; comparons un courant d'air à un fleuve, et un aérostat à un bateau : pour plus grande intelligence encore, supposons à ce bateau tour-à-tour les deux formes rondes et alongées; n'est-il pas vrai, s'il étoit comme un baquet, que ce seroit peut-être en vain qu'on voudroit lui faire traverser ce fleuve, sur-tout s'il y avoit un fort courant; car quelque puissans que fussent les agens qu'on emploieroit pour le diriger et le porter en avant, il continueroit sûrement à être emporté par le courant, en pirouettant sur lui-même, et s'il arrivoit jamais à l'autre rive, ce ne pourroit être que bien au-dessous du point de départ.

Au contraire, si ce bateau avoit une

forme alongée, il seroit facile de lui conserver sa direction, et il ne faudroit qu'un effort ordinaire pour le porter à cette rive opposée.

N'est-ce pas ce qui doit en être d'un aérostat dans un courant d'air? Comme cette machine n'auroit pas même l'avantage de pouvoir enlever les puissans agens dont il faudroit qu'elle fût munie, afin qu'ils pussent procurer des effets sensibles dans cette supposition de la forme ronde, elle seroit forcément emportée au gré de ce courant, sans faire aucune route en direction.

La forme alongée étoit donc absolument indispensable à la direction du bateau, qui sert ici de comparaison. Qui ne sait aussi que les vaisseaux n'auroient qu'une marche lente s'ils n'avoient cette forme ; même, si elle ne leur a pas été augmentée, c'est que plus minces de corps, ils n'auroient pu porter la voile.

S'il a été reconnu qu'il falloit nécessairement donner cette forme aux voitures maritimes pour qu'elles eussent vîtesse et conservassent direction, comment n'a-t-on pas également aperçu qu'il falloit aussi la donner à celles aériennes, dont on vouloit obtenir les mêmes résultats ? Qu'auroit-on dû penser de ce manque de lumière d'une nation aussi éclairée, et chez laquelle avoient été trouvés les moyens de faire *ascinder* les corps graves, si, se laissant gagner de vîtesse, elle eût laissé à une autre la gloire de diriger les machines qui avoient fait obtenir un effet aussi merveilleux ? Cette insouciance pour le progrès des arts et même des sciences, car elles ne peuvent que gagner beaucoup par la perfection des aérostats, auroit-elle pu lui être pardonnée ? Mais laissons ces réflexions, puisqu'elles ne peuvent être à son avantage, et revenons à notre sujet.

J'ai dit que la forme alongée avoit été reconnue la plus propre à donner vîtesse et conserver direction aux bateaux, aux vaisseaux et à toutes les voitures maritimes: cette forme n'est-elle pas même si particuliérement essentielle aux oiseaux pour voler, qu'on les voit obligés de l'augmenter encore, lorsqu'ils vont contre le vent, afin de diminuer le plus possible la surface qu'ils offrent à sa résistance? Les poissons n'ont-ils pas également cette forme dans les plus heureuses proportions? Tous les animaux terrestres qui doivent avoir une certaine vîtesse ne l'ont-ils pas aussi, ou plus ou moins? La forme alongée étoit donc la plus propre à donner vîtesse et à conserver direction, à tout ce qui fend un fluide, puisque le créateur en a doué tous les êtres qui ne doivent pas rester en place. Aussi sont-ce ces êtres, particulièrement les poissons, qui, par cette raison, ont servi de modèle aux dimensions qu'on a données aux vaisseaux. Je vais démontrer qu'ils doivent encore plus particulièrement en servir à celles que doivent avoir les aérostats.

En n'envisageant ces machines que sous le point de vue du fluide dans lequel elles doivent naviguer, il auroit cependant pu sembler que ce modèle ne devoit être pris que dans la classe des oiseaux : mais en les considérant sous le rapport spécifique qu'elles ont avec ce fluide, on auroit bientôt senti qu'il ne pouvoit être fourni que par celle des poissons. C'est si bien à quoi tenoit la direction des aérostats, qu'elle devoit immanquablement être obtenue, dès qu'on auroit apperçu cette distinction de modèle, car ces machines, ainsi que les poissons, pouvant avoir un excès de légéreté sur le milieu dans lequel doivent être exécutées toutes leurs manœuvres, n'ont vraiment besoin que des mêmes agens :

elles doivent donc être classées avec ces animaux pour tout ce qui a rapport à leur méchanique. C'eût donc été mal à propos qu'on auroit cru devoir les assimiler aux oiseaux, parce qu'elles parcourent le même milieu, puisqu'eux, au contraire, ayant un très-grand excès de pesanteur sur ce milieu ont besoin d'agens infiniment plus puissans, et de dimensions absolument différentes que les poissons et les aérostats. Pour peu même qu'on eût voulu réfléchir sur cette différence, on auroit aperçu que les agens des oiseaux sont placés pour faire effort, plus encore verticalement qu'horisontalement, et que ceux des poissons ne paroissent l'être que pour faire effort horisontalement, ce qui au moins auroit indiqué la manière d'adapter les agens.

S'il est prouvé que la forme alongée est le type de toutes celles qu'on auroit pu donner aux aérostats; et démontré que celle des poissons, par les rapports les plus essentiels, est aussi celle qui devoit être préférée à toute autre ; ce sont donc les dimensions des poissons les plus vîtes qu'il faut donner à ces machines ; car la parfaite analogie qu'il y a entre elles et ces animaux obligeant aussi à imiter leurs procédés, on ne pouvoit espérer d'obtenir complettement leur direction qu'avec cette forme et ces dimensions.

On sait que les poissons les plus vîtes ont à-peu-près de longueur trois fois leur largeur, dans leur grand diamètre : ce sont donc ces deux principales dimensions qu'on doit donner aux aérostats : il faudra seulement peut-être diminuer la proportion horisontale, et augmenter la verticale, pour se rapprocher encore plus de celles de ces poissons ; car il est certain que dans ces animaux ce diamètre est beaucoup plus petit que l'autre ; ce qui leur donne plus de souplesse et aussi plus de facilité à s'élever et à s'abaisser.

Quant à leurs agens, on sait que ces poissons ont une queue très-mobile, d'environ un sixième de leur longueur, laquelle est leur agent de direction; et vers le centre de gravité, des nageoires, à-peu-près d'un septième de leur grand diamètre, qui sont leurs agens de vitesse (1); et encore intérieurement une vessie qui doit être nommée agent d'ascendance et de descendance, puisqu'on sait

---

(1) Il faudra toujours distinguer dans leur dénomination, les agens de vitesse de l'agent de direction; celui-ci étant le gouvernail qui retient le vaisseau dans un point de l'horison, et les autres, les voiles, ou les rames, qui le portent vers ce point. La queue des poissons, ainsi que celle des reptiles, leur sert aussi d'agent de vitesse; mais sans une méchanique des plus compliquées, il ne pourroit en être ainsi de celles des aérostats.

qu'ils la dilatent, ou contractent, pour obtenir ces résultats : ces trois sortes d'agens seront donc aussi donnés à l'aérostat, dont je vais faire la description, c'est-à-dire, à l'égard du dernier, que les effets en seront seulement imités.

Mais qu'on n'imagine pas, d'après les expériences qu'on a vues, que ces agens, absolument indispensables aux machines aérostatiques, pour qu'elles puissent être dirigées à volonté, soient toujours des agens sans puissance, tant par leurs foibles dimensions que par la manière superficielle de leur adaptation : on seroit autant dans l'erreur, à cet égard, que lorsqu'on a cru à l'impossibilité de leur direction. Modélés sur ceux des poissons (autant toute-fois que faire se pourra), ils seront dans les mêmes rapports identifiés à l'aérostat ; aussi j'ose assurer que l'effet sera tel, que cette nouvelle machine, ainsi que l'animal dont on lui donne les dimensions, les agens et même la figure (car elle doit aussi l'avoir), avec autant de vîtesse et de précision que si elle avoit vie, ou qu'elle fût organisée (elle le sera en effet), se tournera à droite et à gauche, se portera en avant, s'élevera et s'abaissera, même, au besoin, prendra des inclinaisons ascendantes ou descendantes, moyennant que la gondole soit assujettie de manière à ne pouvoir se déplacer; et pour obtenir ces résultats, il ne faudra que l'effort de trois hommes; même deux suffiroient, le troisième ne devant se trouver que momentanément employé.

De semblables effets seront sans doute difficiles à croire, sur-tout après le jugement qui semble porté contre leur possibilité. Cependant si l'on parvient à en prouver l'évidence, ne sera-t-on pas forcé de convenir que, si une forme telle que celle qui sera donnée à notre aérostat, aidée, ainsi qu'on le verra, de la plus simple méchanique, facilitoit tant de moyens de perfection à ces machines, il étoit bien absurde de leur en perpétuer une qui s'y opposoit si invinciblement; à moins qu'on ne voulût pousser l'obstination jusqu'au point d'avancer qu'il étoit impossible de leur donner celle indiquée. Cependant, pour que cette forme alongée pût être jugée *indonnable* aux aérostats, il faudroit, en se fondant sur ce que la forme sphérique est de toutes, celle qui, à surface égale, donne le plus de force d'ascension, pouvoir prouver aussi qu'on ne pouvoit suppléer, par un surcroît de volume, à la forme qui en donne le moins; car cette forme n'empêchera certainement jamais que le poids de la gondole, dont nous allons parler, ainsi que celui de tout ce que cette machine doit enlever, ne porte également dans tous ses points. La seule objection qu'on pourroit donc nous faire, avant toutefois d'avoir connu les principales perfections de cet aérostat, seroit que cette forme devant lui donner une très-grande sensibilité, il pourroit être à craindre qu'un surcroît de poids porté subitement sur une de ses parties (qui doivent conserver entre elles un parfait équilibre), ne déplacât à tel point la gondole, qu'il en résultât un désordre capable de briser la machine. Cette objection est des plus importantes en effet ; mais lorsqu'on aura vu que cette gondole se trouve dans le prolongement des dimensions de l'aérostat, et qu'elle est si bien assujettie à ce point, que, faisant masse parfaite avec lui, elle ne peut se déplacer, du moins sensiblement, ni par aucune secousse, ni par les inclinaisons que la machine doit prendre, toutes craintes cesseront sûrement à cet égard.

Ayant, je crois, suffisamment prouvé le peu de fondement de l'opinion reçue contre la possibilité de la direction des aérostats, et fait connoître la forme qu'on doit donner à ces machines pour obtenir ce résultat, il ne me reste plus qu'à entrer en détail sur la construction de celle que je propose, et à démontrer que les agens dont elle sera munie produiront vraiment les effets que j'annonce. Cependant, avant de passer outre, je ne puis m'empêcher de dire qu'il est étonnant, l'ascension des corps graves à l'aide des aérostats, s'offrant sous tant de points de vue avantageux, que toutes les sortes de perfection soient encore à donner aux machines qui ont si heureusement fait obtenir ces résultats. Si, loin de n'avoir jamais voulu voir dans cette découverte qu'une chose futile, on l'eût au contraire regardée comme une chose si utile, qu'elle peut même nous procurer une nouvelle existence, la navigation aérienne seroit sûrement déjà parvenue à un très-haut point de perfection.

DESCRIPTION
DU
NOUVEL AÉROSTAT.

Cette description contient six objets principaux,

Savoir :

1°. *Les dimensions et la grandeur de l'aérostat.*

2°. *La manière de construire et de perfectionner l'enveloppe.*

3°. *Celle d'établir le filet; les cercles équatoriaux (il y en aura deux), ainsi que les diverses manœuvres, tant intérieures qu'extérieures.*

4°. *La grandeur et la forme de la gondole,*

les moyens de la rendre la plus légère possible ; le point où il faut qu'elle soit placée, et la manière de l'assujettir à l'aérostat pour qu'elle ne puisse se déplacer.

5°. *La forme à donner aux trois sortes d'agens qui doivent diriger la machine, et la manière de les adapter.*

6°. *Enfin le poids de chacune des choses qui doivent entrer dans la construction de cette machine, ou servir à son armement, pour démontrer, qu'en totalité il ne peut surpasser la force d'ascension à pouvoir lui donner.*

On ne dira rien de la manière d'extraire les gaz; cette manipulation est trop connue des chymistes ; il ne faudra que la répéter avec les mêmes soins et les tirer des métaux, ou demi-métaux, qui doivent

doivent donner les plus parfaits avec le plus d'économie (1).

1°. *Dimensions et grandeur de l'aérostat.*

La forme et les dimensions des aérostats étant établie d'une manière absolue, puisque c'est dans la nature même qu'on a puisé les principes de cet établissement, j'estime que la grandeur de celui dont je vais faire la description, ne peut être moindre de cent pieds de longueur, sur quarante de largeur, dans son plus grand diamètre, parce que dans ces deux dimensions, comprenant la saillie du gouvernail (ou des deux gouvernails, car on sera forcé, faute de moyens mécaniques, du moins

(1) On voit que j'adopte le procédé des gaz et non celui de la fumée : en effet celui-ci étoit absolument impraticable dans un voyage de long cours.

applicables à cette circonstance, de lui en donner deux), saillie des gouvernails qui sera de vingt pieds, on doit appercevoir que l'aérostat aura les proportions avantageuses d'un tiers de sa longueur pour sa plus grande largeur (1), et qu'il pourra, par rapport à certain retranchement dans ses dimensions, dont on parlera bientôt, conserver assez de volume pour déplacer environ soixante mille pieds cubes d'air atmosphérique;

(1) Quoique l'aérostat n'ait que cent pieds de long dans sa capacité, il faut cependant le regarder comme en ayant cent vingt; les queues faisant partie de son tout: en effet, si l'on pouvoit prolonger cette capacité jusqu'aux extrêmités de ces queues, il auroit vraiment cent vingt pieds de long, par conséquent, les dimensions avantageuses d'un tiers de sa longueur, pour sa plus grande largeur; peut-être même pourroit-on donner une plus grande longueur à cette machine; c'est ce que la suite apprendra.

déplacement jugé nécessaire, par apperçu, afin qu'il reste à cet aérostat une suffisante force d'ascension pour qu'il puisse enlever ses conducteurs ainsi que tout ce qui doit entrer dans sa construction. Au surplus, on ne peut absolument rien statuer de positif à l'égard de cette grandeur, qu'on n'ait connu le poids exact de chacune de ces choses : lequel poids on diminuera cependant le plus possible, afin de pouvoir restreindre, aussi le plus possible, le volume de l'aérostat ; volume qui, plus il seroit considérable, d'après les principes établis, plus il offriroit de résistance à l'air à déplacer, et nécessiteroit de surcroît de force motrice : cette diminution de poids est donc la chose à laquelle il faudra s'attacher le plus, sans cependant que cela puisse nuire, du moins essentiellement, à la solidité qui doit être conservée à cette machine.

2°. *De l'enveloppe ; de sa construction et de sa perfection.*

Jusqu'ici on a été très-embarrassé sur le choix des matières, ou étoffes, dont on devoit former les enveloppes des aérostats; ces enveloppes devant absolument avoir solidité, imperméabilité, souplesse et légéreté; ces qualités indispensables semblant ne pouvoir se raprocher. En effet, si les métaux offrent les deux premières, ils se refusent absolument aux deux autres: le carton, ni le vélin n'en paroissent offrir aucune, dans la perfection nécessaire ; la trop grande pesanteur du cuir oblige à l'en exclure; la toile auroit bien la souplesse, même un peu de la solidité desirable, mais elle ne pourroit que difficilement être rendue imperméable, et, à solidité égale, auroit aussi plus de poids qu'une autre étoffe. Le taffetas ayant paru réunir une plus grande partie de ces qualités, on a cru devoir le préférer; mais il s'en faut beaucoup, de la manière dont il a été employé, que les enveloppes, composées de cette étoffe, eussent été assez consolidées pour rester imperméables pendant le laps de tems indispensable à un grand voyage; et fussent assez solides, non seulement pour résister au frottement du courant d'air contre lequel doivent cingler les aérostats dirigés, mais encore pour rassurer sur les terribles effets résultans de l'extension subite du gaz, dans une couche d'air qui se seroit trouvée beaucoup plus raréfiée que celle du point de départ : c'est sans doute la crainte de ces effets qui a été une des causes de l'adaptation d'une soupappe, pour avoir aussi la faculté de laisser échapper du gaz, dans cette circonstance critique. Si cela est, on ne pourra s'empêcher d'avouer que c'étoit un des plus mauvais moyens dont on pût jamais se servir, puisque, lorsque ce fluide est perdu, il n'est plus recouvrable. Une enveloppe d'une aussi foible texture pouvoit-elle aussi garantir le fluide qu'elle contenoit de cette condensation nuisible à la force d'ascension qu'il étoit cependant si essentiel de conserver toujours dans le même rapport ?

Ces considérations m'ont fait imaginer une manière d'employer le taffetas, de laquelle il doit résulter que les enveloppes, composées de cette étoffe, acquerreront l'imperméabilité du métal, et presque sa solidité (par les précautions prises d'ailleurs, pour consolider la machine), sans trop diminuer de leur souplesse, ni assez ajouter à leur poids, pour empêcher qu'elle ne puisse être mise à exécution.

Pour cet effet, il faudra d'abord construire deux demi-moules longitudinaux, en planches, mises de champ, revêtues d'autres planches très-polies, ces demi-moules soutenues l'un et l'autre, sur des montans : et ayant, pris ensemble, les dimensions que j'ai dit qu'il falloit donner à l'aérostat, c'est-à-dire la forme d'un poisson, excepté cependant (la manière dont on adapte les agens de vîtesse et la gondole, ainsi qu'on le voit, figure première, Fig. I. l'exigeant), excepté, dis-je, que sous le ventre, et au centre de gravité (qu'on doit dire centre d'ascension, n'étant ici question que de moules d'une machine qui ne doit jamais avoir de tendance à tomber), ces moules auront un étranglement (A) d'environ vingt-cinq pieds dans le sens longitudinal et horisontal, sur douze à quinze, dans celui vertical, lequel régnera dans toute la largeur de ces deux moules, qui, en outre, auront, également sous le ventre, trois ouvertures circulaires, une sur le devant, de seize à dix-sept pieds de diamètre, prise par moitié sur chacun des deux moules; et deux autres sur le derrière, à côté l'une de l'autre, d'environ treize pieds, aussi de diamètre, chacune; ces ouvertures seront à-peu-près au quart de la longueur de cette charpente: on connoîtra bientôt l'usage de cet étranglement et de ces ouvertures.

C'est sur ces deux demi-moules qu'on commencera la construction de l'enveloppe qu'il s'agit de perfectionner.

Première opération.

Sur chacun de ces moules, le taffetas sera coupé, laize par laize, dans le sens vertical, pour en former d'abord deux demi-enveloppes, de la forme exacte de ces deux portions de moule, en observant de laisser vuides les trois ouvertures dont on vient de parler.

Ceci fait, ou retirera ces laizes de dessus les moules, après toutefois les avoir numérotés; on les coudra à coutures plates, avec la meilleure soie, et le plus de soin possible: et lorsque ces deux premières demi-enveloppes seront formées, on les remettra sur les moules, pour en passer les coutures au maillet et au cylindre (1), d'abord d'un côté, ensuite de l'autre, les changeant de moule pour les retourner.

On formera, de cette manière, deux secondes demi-enveloppes, excepté seulement que les laizes de celle-ci seront posées dans le sens horisontal, afin de croiser sur celles des premières: on procédera ensuite à la formation des deux troisièmes, qui, comme les premières, auront leurs laizes dans le sens

---

(1) Les maillets et les cylindres qui serviront à cette opération doivent être en ivoire.

vertical ; enfin, à deux quatrièmes, qui, comme les secondes, auront les leurs dans celui horisontal.

Lorsque ces quatre doubles de demi-enveloppes seront exactement formés les uns sur les autres, et qu'ils auront reçu tous les apprêts dont on vient de parler, on les retirera de dessus les moules, et, après avoir enduit ces moules de matières grasses, on y replacera seulement les premiers, auxquels on donnera une légère couche d'une gomme très-élastique et très mucilagineuse, et que l'on croit devoir être la plus collante possible (1); sur laquelle gomme on appliquera des feuilles de papier de soie, qui, après en avoir

(1) On prie cependant Messieurs les Chymistes de nous faire part de la composition de la gomme qu'ils croiront réunir le plus de ces qualités.

reçu une nouvelle légère couche, seront couvertes par d'autres doubles, sur lesquels on passera le cylindre. On continuera ces diverses opérations jusqu'aux derniers doubles ; ce qui se fera avec des précautions dont on ne peut donner ici le détail.

Ces demi-enveloppes, ainsi formées de chacune quatre doubles, seront encore retirées de dessus les moules, pour recevoir une piqueure entre chaque laize, dans le sens vertical, avec de la soie plate ; laquelle piqueure étant achevée, on les y remettra encore pour qu'elle puisse être passée à la gomme, puis au maillet et au cylindre, ainsi que les coutures. On doit d'ailleurs sentir que ces diverses opérations ne se feront qu'à mesure que la gomme aura obtenu une certaine siccité.

Nota. On n'appliquera aucune couche de gomme sur la surface intérieure de cette enveloppe ; les gaz exerçant une action d'affinité sur les gommes, colles et vernis, qui tend à les dissoudre, on ne doit pas leur donner ce moyen d'altérer leur substance.

Ces opérations préliminaires étant finies, on placera ces deux demi-enveloppes sur une carcasse de même forme et de mêmes dimensions que les deux demi-moules pris ensemble, où elles doivent recevoir le dernier degré de perfection.

Il faudra que cette carcasse, qui servira aussi à ajuster toutes les manœuvres et choses qui doivent entrer dans la composition de l'aérostat, soit construite de manière à pouvoir être décintrée en dedans, et que chacune de ses parties (l'enveloppe étant suspendue sur des chevalets) puisse en être retirée par les trous qui y resteront jusqu'à ce décintrement.

Cette carcasse pourroit d'ailleurs être formée de celles des deux moules revêtus en planches ; pour cet effet, il ne faudroit que réunir ces moules , arrondir les équarrissages de chaque montant et les couvrir de quelques étoffes, afin que le taffetas n'en pût être coupé: ces précautions sont indispensables.

Deuxième opération.

L'enveloppe étant donc placée sur cette carcasse, ou nouveau moule, on en réunira les deux parties , avec les précautions dont on vient de parler pour la formation de chaque double, ensuite on y collera et coudra des peaux de mouton sur la crête et sur toutes les autres parties qui auroient pu essuyer un frottement un peu considérable ; telles que celles sur lesquelles porteront les cercles équatoriaux , ou quelques manœuvres et agens : après quoi, dans les deux pourtours longitudinaux, tant verticalement qu'horisontalement, ainsi que dans celui diamétral, particuliérement aux deux extrêmités de l'étranglement, on coudra, de distance en distance, sur ces peaux, des anneaux d'environ huit à dix lignes de diamètre, dans lesquels on passera des cordes, ou ralingues, à-peu-près de même calibre, lesquelles pourront être serrées, ou lâchées au besoin.

On pourra même être nécessité à placer d'autres ralingues (car la considération du poids à épargner doit seule rendre économe de ce renforcement si essentiel à l'enveloppe), particuliérement dans le pourtour où portera le second cercle équatorial, dont on va bientôt parler. On le sera aussi à ramifier la ralingue longitudinale verticale, afin qu'elle ne puisse nuire au déployement des poches, ou agens d'ascendance et de descendance, dont on va aussi faire connoître l'établissement.

La peinture terminera la perfection de cette enveloppe, en lui donnant les diverses couleurs, même la figure de l'animal qu'elle représentera.

Une enveloppe ainsi consolidée ne devroit rien laisser à desirer; car, malgré toutes les coutures et piqueures qu'on emploiera dans sa confection, elle sera certainement imperméable, lorsque les ouvertures, qui lui resteront jusqu'au décintrement de la carcasse, seront fermées avec les mêmes soins. Comment n'acquerroit-elle pas cette qualité au plus éminent degré? Ces quatre doubles de taffetas gommé et ces trois de papier de soie, passés plusieurs fois au cylindre, ne composeront-ils pas un tissu impénétrable, sur-tout lorsque ces coutures et piqueures y auront été également, et encore particuliérement passées, ainsi qu'au maillet?

Ces procédés, étendant le taffetas et le papier, et aplattissant la soie de ces coutures et piquures, doivent aussi faire entrer la gomme dans tous les trous d'aiguille et les fermer hermétiquement.

Ces quatre doubles de taffetas ainsi joints, dont les lizières seront croisées (ce qui renforcera encore ce tissu), ces peaux de mouton qui garantiront de l'effet du frottement les parties de ce tissu, qui auroient pu en éprouver de considérables; et ces ralingues des déchirures que des secousses imprévues auroient pu faire craindre, doivent également donner à cette enveloppe une solidité au-dessus de celle qu'on auroit pu attendre de l'étoffe dont elle est composée, sans même lui faire perdre de sa souplesse, ni infiniment ajouter à son poids.

J'ai donc eu raison de dire que cette enveloppe auroit l'imperméabilité du métal et presque sa solidité : en effet, quelle force ne faudroit-il pas employer pour la déchirer ? quel laps de tems ne verroit-on pas s'écouler avant qu'elle éprouvât une sensible déperdition de gaz? Mais pouvoit-on prendre trop de précaution, lorsqu'il s'agissoit de consolider la partie de l'aérostat d'où dépend particuliérement son existence : par conséquent la sûreté des voyageurs aériens.

Cette enveloppe, ainsi que la machine en général, acquerrera encore une nouvelle solidité (on l'appercevra) de la force des deux cercles équatoriaux, qui lui serviront de cadres, ainsi que des cordes transversales et des ressorts qu'on emploiera dans la construction de la machine; lesquelles cordes et lesquels ressorts faisant des efforts contraires, empêcheront ces cercles et de s'aplattir, et de s'ouvrir dans les flancs : concours de perfections qui feroient de cette machine un tout indivisible, lorsque même on seroit nécessité à la faire lutter contre le vent le plus violent.

Il est vrai qu'une telle machine coutera beaucoup à construire; mais, si elle doit avoir de la durée, et remplir les vues de son établissement, ne sera-t-elle pas d'un moindre prix que toutes celles qui, sans avoir donné aucun signe de direction, disparurent aussi-tôt qu'elles eurent fait quelques lieues dans l'atmosphère? Au surplus, lorsqu'on aura connu l'usage précieux qu'on peut faire de la découverte de l'ascension des corps graves, à l'aide des aérostats, on fera abstraction de leur prix : alors toutes les vues se porteront sur la recherche des moyens d'en diminuer le poids, sans cependant altérer leur solidité, car ce sera toujours le point principal.

Quant à ce poids, sur lequel en effet

on pourroit me chicaner, puisque l'excès deviendroit un empêchement invincible à l'exécution de la machine proposée; on ne doit cependant pas croire qu'il seroit très-extraordinaire; particuliérement que celui de l'enveloppe, parce qu'elle sera composée de quatre doubles de taffetas, seroit quadruple de celles qui ne l'ont été que d'un seul taffetas; car le pied carré de celle-là a pesé sept gros et quelques grains, par rapport à plusieurs couches de gomme qu'on avoit cru indispensable d'appliquer en dedans comme en dehors, et le pied carré de celle-ci, en recevant beaucoup moins proportionnellement, n'en pesera que dix-huit, ce qui n'est pas même triple. Supposons donc cette enveloppe de neuf mille pieds carrés de surface, laquelle est la plus grande qu'elle puisse avoir, n'étant destinée qu'à déplacer environ soixante mille pieds cubes d'air; elle ne peseroit cependant que douze cents soixante-cinq livres ; ce qui n'est pas un poids très-considérable, vu sa solidité. On voit d'ailleurs que dans ce poids, je fais abstraction des peaux de mouton et des ralingues, objets qui doivent être pesés à part.

Mais soixante mille pieds cubes d'air atmosphérique, à une once trois gros dix grains le pied cube (poids dont on sait qu'il est, près de terre), feroient cinq mille cent cinquante-huit livres que cet aérostat en déplaceroit ; lequel rempli par égale portion de gaz tiré du fer, dont le rapport moyen avec cet air est comme cinq à un, et de gaz tiré du zinc, dont le rapport aussi moyen est comme dix à un : le rapport composé de ces deux gaz, qui seroit comme sept et demi est à un, n'ajoutant que six cents quatre-vingt-six livres de poids à cette enveloppe, laisseroit à l'aérostat trois mille deux cent sept livres de force d'ascension; force qui, je crois par aperçu, seroit suffisante pour que cette machine pût enlever tout ce qui doit entrer dans sa composition : mais, avant d'en faire l'énumération, on doit terminer tout ce qui a rapport à sa construction (1).

Au surplus, on voit qu'on pourroit, sans conséquence, commettre une erreur, même considérable, dans cet aperçu, tant que le volume de l'aérostat ne seroit pas décidément arrêté ; et si l'on se trouvoit dans le cas de ne pouvoir plus rien changer à ses dimensions, et que cependant on reconnût avoir un besoin indispensable d'une augmentation de force d'ascension, on pourroit l'obtenir encore par un surcroît de gaz

---

(1) Je fais abstraction des fractions dans tous ces calculs, leur produit n'étant pas ici un objet assez considérable pour qu'on en tienne compte.

plus parfait, tel que celui qu'on tireroit du zinc, ou de tout autre minéral, si toutefois les végétaux, les animaux même, ne pouvoient pas en fournir de plus parfait encore.

3°. *Manière d'établir le filet; les cercles équatoriaux et les manœuvres tant intérieures qu'extérieures.*

Du filet.

L'enveloppe tendue sur le moule, donnant toutes les facilités possibles pour ajuster le filet, cet établissement n'offrira aucune difficulté. Ce filet doit être construit avec de la corde, faite avec soin et dont la force soit en rapport du poids à porter et du frottement à essuyer; sur-tout il ne faudra pas oublier de l'assujettir aux ralingues, sur lesquelles il posera; c'est le point principal de son établissement.

Des cercles équatoriaux.

Jusqu'ici on n'a mis qu'un cercle équatorial aux aérostats, cependant celui dont je fais la description doit en avoir deux : ce n'est donc point pour innover qu'on fait encore ce changement ; il est indispensable.

Lorsque les aérostats n'alloient qu'au gré des vents, ils avoient assez d'un cercle équatorial. Un de ces cercles est ici employé à un établissement de manœuvres ; n'ayant aucun agent, on ne pouvoit avoir aucun établissement de ce genre à faire. Vu l'état de tranquillité permanente dont ces machines jouissoient dans l'air, ce cercle pouvoit aussi être une simple corde, qui, même sans aucune conséquence, pouvoit être placée au-dessus comme au-dessous de leur équateur; puisque cette corde remplissoit l'objet de son établissement, pourvu qu'elle servît à faire porter la gondole également sur toutes les parties de l'enveloppe. Mais un aérostat dirigé, ainsi qu'on l'annonce, devant être muni d'agens puissans, et pouvant faire de grands efforts contre le vent, doit avoir des cercles équatoriaux, non en corde, mais en bois très-fort, posés non seulement en entier, ou en partie sur l'équateur, mais encore fortement assujettis aux ralingues, afin, comme je l'ai dit, que servant comme de cadres à l'enveloppe, d'empêcher les parties de cette enveloppe de se désunir.

Un de ces cercles (le premier) sera donc entiérement placé sur cet équateur, suspendu, comme on doit l'imaginer, aux cordes du filet, et maintenu, ainsi qu'on vient de le dire, à la ralingue sur laquelle il posera. L'autre prendra bien naissance à cet équateur, à la tête et à la queue de l'aérostat, mais il aura une courbure verticale depuis ces deux extrêmités jusqu'à l'étranglement (A), et dans cet espace, où il restera isolé, il se prolongera en ligne droite parallèlement au premier, duquel il ne sera séparé que de sept à huit pieds (1); et aussi dans toute cette courbure, il rentrera sous le ventre de la machine, pour y être également maintenu à la ralingue qui sera établie en cet endroit : ce second cercle sera d'ailleurs suspendu au premier, mais avec des cordes plus grosses que celles dont sera formé le filet. On verra que ces cercles seront encore autrement assujettis.

Le bois qu'on employera à la construction de ces cercles, sur le poids duquel on sera économe le plus possible, doit

(1) Cette séparation des deux cercles, dans cet étranglement, dépend du plus ou moins de diamètre vertical donné à l'aérostat, puisqu'il faut absolument que ce dernier soit séparé de l'enveloppe.

être très-fort et très-liant ; rond en dehors et aplatti en dedans ; de ce côté il sera renforcé par un gros fil de fer ou de cuivre très-souple, placé dans une rainure et sourlié avec le cercle par un fil aussi de fer, ou de cuivre, afin, par cette précaution, d'empêcher la rupture et les éclats de ces cercles. Cette sourlieure sera d'ailleurs couverte d'étoffe pour en adoucir le frottement. On peut voir l'établissement de ces cercles dans la figure première.

Des manœuvres intérieures et extérieures.

Une partie de cet énoncé étonne peut-être : on n'avoit pas, à ce qu'il paroît, imaginé d'établissement de manœuvres dans l'intérieur d'un aérostat ? Cependant sans cet établissement de manœuvres, ou d'agens (car les manœuvres ne peuvent avoir rapport qu'aux agens), aurois-je pu avancer que ceux qu'on adaptoit à l'aérostat lui seroient identifiés ? Quel inconvénient pouvoit-il y avoir à faire cet établissement interne, sur-tout s'il ne devoit en résulter aucun frottement, ni rien de nuisible à l'imperméabilité à conserver à l'enveloppe? La chose étant possible, devoit-on hésiter un moment à l'exécuter, lorsque c'étoit, comme on va le voir, le dernier degré de perfection à donner à ces machines?

J'ai donc cru devoir faire entrer dans la capacité de l'aérostat tout ce qui pouvoit y être introduit sans inconvénient, comme les barres des deux queues, ou gouvernails, qui doivent servir à le diriger; toutes les manœuvres qui y ont rapport, ainsi que quelques autres qui en ont aux agens d'ascendance et de descendance.

Pour exécuter cet établissement, de manière à ne causer aucun frottement quelconque à l'enveloppe, on fera traverser six cordes; savoir, deux d'environ un pouce de diamètre, au tiers à-peu-près de la

longueur de l'aérostat, vers la queue, c'est-à-dire, à environ trente-trois pieds de cette extrêmité (la machine ayant cent pieds de long), dont une maintenue au premier cercle et l'autre au second; et quatre autres de moindre grosseur, une à environ vingt-cinq pieds de la tête, une autre à cette distance de la queue, maintenues, l'une et l'autre, au second cercle; et les deux autres vers le centre, à trois ou quatre pieds de l'extrêmité de l'étranglement, maintenues au premier. Toutes ces cordes (telles qu'on les aper-
Fig. II. çoit E fig. II, où l'intérieur de l'aérostat est vu obliquement), lesquelles seront fortement tendues, traverseront l'enveloppe par des trous, qui seront hermétiquement scélés à des gaines de taffetas renforcées avec des peaux de mouton. On connoîtra ci-après la destination de ces cordes.

Mais comme ces cordes ne pouvoient

être ainsi établies sans qu'elles n'eussent eu une tendance à diminuer, même à détruire la courbure des cercles équatoriaux, si rien n'en avoit balancé l'effet ; pour remédier à cet inconvénient, aux extrêmités de l'espace vuide de l'étranglement, on assujettira au cercle équatorial (on voit que c'est le dernier) deux traverses en bois léger, cependant d'une certaine force, aux bouts desquelles on fixera, sur un genou qui leur sera adapté, huit ressorts à doubles branches (B fig. I.), savoir six se croisant trois à trois sur les bouts de celle du côté de la queue, et les deux autres sur les bouts de celle du côté de la tête. Ces ressorts seront d'un bois très-fort et très-dur, tel que celui dont on fait les arcs, en outre renforcés aux points de leur adaptation aux traverses, par une feuille d'acier, et dans toute leur étendue, ainsi que les cercles équatoriaux, par un fil de fer, ou de cuivre, ainsi que par une sourlieure de même fil, pour aussi en empêcher la rupture et les éclats.

On se servira du même moyen de ces ressorts, pour tenir tendues celles de ces cordes assujetties au second cercle équatorial, à vingt-cinq pieds de la tête et de la queue; lesquels ressorts auront leur point d'appui sur deux autres traverses (C fig. I.), aussi en bois léger: lesquelles traverses seront établies sous l'enveloppe. Quant aux ressorts, ils seront un peu inclinés vers la tête, ou vers la queue, selon le point où ils se trouveront placés.

Ces quatre derniers ressorts et ces deux traverses, qui doivent aussi servir à un autre usage, seront d'ailleurs fortement assujettis aux cercles équatoriaux, tant verticalement que même dans le plus de points possibles, vers la tête, ou vers la queue, afin que les efforts qui pourroient être faits contre eux, soient moins ressentis dans chacun de ces points.

On fera connoître le second usage de ce dernier établissement lorsqu'on parlera de celui de la gondole.

On conçoit d'ailleurs l'effet de ces douze ressorts lorsque leurs branches supérieures seront maintenues aux points de ces cercles où les cordes transversales se trouvent assujetties, et que les inférieures seront fortement tendues avec des courroies.

Tout ceci conçu, établissons les manœuvres intérieures, en commençant par celles qui doivent servir à donner le jeu aux deux gouvernails, ou agens de direction.

Des manœuvres intérieures.

On a vu qu'à environ trente-trois pieds d'une des extrémités de l'aérostat, vers la queue, on avoit établi deux cordes transversales (E fig. II.), fortement assujetties aux cercles équatoriaux, une au premier, l'autre au second. Les barres des deux gouvernails (M fig. II.), dont nous avons déjà parlé; lesquelles seront introduites dans la capacité par des orifices, ou gaînes mobiles de cuir, séparées l'une de l'autre horisontalement de trois à quatre pieds, et soutenues dans cette introduction, par des croupières tenant à ces cercles, iront aboutir à ces deux cordes; une à la première, l'autre à la seconde, en forme d'X, et y auront leur jeu par l'entremise de poulies en cuivre, adaptées aux bouts de ces barres, dans lesquelles ces cordes seront passées· ces poulies (R) tiendront d'ailleurs à un manche, aussi en cuivre, lequel, par le moyen d'une coulisse, pourra s'alonger et se racourcir à mesure que ces barres s'éloigneront, ou se rapprocheront de la perpendiculaire.

A

A chacun des bouts de ces barres seront encore attachées deux manœuvres, lesquelles iront passer dans des poulies fixées horisontalement aux cordes transversales, près de l'enveloppe ; de celles-là, dans d'autres fixées verticalement, à quelque distance l'une de l'autre, vers le milieu de la corde, aussi transversale, qui se trouve vers le centre, du côté de la queue, au-dessus de l'étranglement ; lesquelles quatre manœuvres sortiront ensuite de la capacité par des ouvertures faites sous le ventre de l'aérostat, pour pouvoir être fixées aux branches supérieures de deux balanciers posés sur le même axe (N fig. III.) ; lequel axe fixé à un montant porté par la gondole, après toutefois, lesdites manœuvres, avoir encore passé par des poulies fixées dans le prolongement de l'arc de cercle, que les branches de ces balanciers feront par leurs vibrations. On peut voir le développement de toutes ces manœuvres dans la fig. II.

Ces manœuvres étant ajustées de manière à donner exactement le jeu aux gouvernails, seront d'ailleurs scellées à des gaines de cuir très-souple, lesquelles auront le déployement nécessaire (S fig. II.).

Les manœuvres des agens de direction étant établies, on passera à celles des agens d'ascendance et de descendance : elles consistent à faire rentrer dans la capacité de l'aérostat, ou à en faire sortir trois poches (D fig. I.), qui seront faites en taffetas, ainsi que le reste de l'enveloppe, dont elles font partie ; excepté cependant que dans ce point, l'enveloppe n'aura que trois doubles au lieu de quatre, afin que la contraction et la dilatation se fassent avec plus de facilité. Ces poches seront cousues aux trois ouvertures circulaires qu'on sait avoir été laissées à l'enveloppe : mais, comme ces ouvertures doivent être occupées par les montans qui soutiennent la carcasse jusqu'à son décintrement, ce ne sera donc que lorsqu'il sera fait qu'on pourra finir ce dernier établissement interne ; cependant, malgré cet empêchement, on pourra toujours prendre les mesures nécessaires, et passer les manœuvres ; rien ne sera plus simple.

A chacune des poches, lesquelles pourront être faites d'avance, on collera, coudra et piquera en dehors, en forme d'étoile, des petits morceaux de cuir, auxquels on scélera des cordelles, qui doivent tirer également, lesquelles iront se réunir à des manœuvres uniques qui, passant dans des poulies fixées verticalement aux cordes transversales qui se trouvent le plus près de la tête et de la queue, de-là, dans deux autres, également fixées à une des cordes établies vers le centre (celle du côté de la tête), se prolongeront ensuite jusqu'au ventre de l'aérostat, d'où elles sortiront comme celles des agens de direction, c'est-à-dire, qu'elles seront également scellées à des gaines de cuir très-souple (S), lesquelles auront également le déployement nécessaire. On peut aussi voir le développement de ces manœuvres dans la fig. II.

Ces manœuvres, ainsi que celles des agens de direction, se prolongeront d'ailleurs jusqu'à la gondole, pour être fixées à des tambours, ou barrillets (I fig. III.).

Ce que je viens de dire a particulièrement rapport à la poche de devant, les deux de derrière, quoique censées n'en faire qu'une, n'ayant, entre elles deux que la même surface que celle de devant, étant cependant réellement deux poches, il faudra donc à chacune d'elles une manœuvre particulière : lesquelles iront cependant également aboutir à une seule (T fig. II.), ces deux poches ne devant produire ensemble qu'un seul effet, et le même que celle de devant lorsqu'elles seront également contractées, ou dilatées, n'ayant été séparées que pour laisser un jeu libre aux barres des gouvernails.

On ne devroit pas avoir besoin de faire observer qu'il faut que toutes les poulies, sur-tout celles qui seront établies dans l'intérieur de l'aérostat, soient d'une forme et d'une perfection à ne laisser craindre ni dérangement ni engagement; puisqu'on aperçoit surement, qu'on ne pourroit remédier à cet accident sans être forcé d'interrompre son voyage pour faire une évaporation totale du gaz ; ce seroit donc, même dans le cas de pouvoir y remédier, un des plus grands accidents qui pourroit arriver à l'aérostat : et aussi de recommander de n'employer que des cordes de soie dans l'intérieur de la machine; telles elles seront plus fortes, plus légères et moins sujettes à variation : il devroit même en être ainsi de celles extérieures, si on n'avoit aucun égard au prix.

Voilà en quoi consiste l'établissement de cordes et de manœuvres intérieures, si ce n'est qu'on sera peut-être forcé à placer une autre corde transversale (EE fig. II.) au premier cercle, vers la tête, pour assujettir encore mieux ce cercle, et en empêcher l'élargissement dans cette partie. Cet établissement a cependant rapport à deux sortes d'agens : l'établissement extérieur ne sera pas plus compliqué : on va en juger.

Des manœuvres extérieures.

Ces manœuvres consistent à faire jouer douze rames (H fig. IV. et V.), ou plus ou moins, si on le juge à propos, ensemble dans l'espace vuide de l'étranglement.

Pour ce faire, aux deux traverses (O) qui servent de point d'appui aux ressorts, il faudra fixer deux cordes, d'environ un pouce de diamètre, et les tenir très-tendues.

C'est sur ces deux cordes, parallèles au second cercle équatorial, et qui n'en seront séparées que d'environ quatre pieds, que ces rames auront leur jeu. Ces rames (dont on parlera ailleurs de la forme et des dimensions, puisqu'il n'est ici question que de leurs manœuvres) étant ajustées sur des pivots tenant à ce cercle, seront en outre prolongées jusqu'à ces cordes. Au bout de chacune d'elles, ainsi qu'à ceux des barres des gouvernails, sera également adapté une poulie en cuivre, dans laquelle ces cordes passeront: laquelle poulie tiendra de même à un manche, qui, aussi par l'entremise d'une coulisse, pourra s'alonger, ou se raccourcir, suivant que ces rames s'éloigneront et se raprocheront de la perpendiculaire. Aux bouts de ces manches seront encore assujetties deux manœuvres, lesquelles se dirigeant, l'une vers la tête, l'autre vers la queue, passeront dans des poulies fixées sous les cordes où les rames ont leur jeu ; à-peu-près au terme de l'espace qu'elles doivent parcourir, de là iront se groupper à quatre manœuvres, qui, après avoir passé dans huit poulies fixées aux traverses, quatre horisontalement, à trois pieds environ en dedans des points où les cordes sont attachées, et les quatre autres, verticalement vers le centre, se réuniront à deux uniques, qui seront aussi fixées à la branche supérieure d'un balancier (P fig. III.) également établi dans la gondole, mais sur un double montant : après toutefois lesdites manœuvres avoir aussi passé, ainsi que celles des agens de direction, par des poulies fixées dans le prolongement de l'arc de cercle, que cette branche de balancier formera par ses vibrations. On peut d'ailleurs voir le développement de toutes ces manœuvres dans les figures IV. et V., et leur prolongement dans la figure III.

Il ne faut pas oublier de dire qu'à chaque terminaison de vibration du balancier, il y aura un montant (Q fig. III.) qui lui servira d'arrêt, afin que ce balancier ne puisse avoir plus de jeu qu'on ne peut en donner aux rames : à chacun de ces montans, sera adapté un ressort qui, par sa réaction, renverra ce balancier avec force vers son point de départ.

Il faudra peut-être aussi mettre un arrêt à la fin des vibrations des balanciers qui font jouer les gouvernails, pour empêcher que, mal-adroitement, ou sans réflexion, quelqu'un ne voulût leur faire excéder celles qu'ils peuvent faire, ce qui arracheroit les gaînes où sont scelées les manœuvres, qui ne peuvent avoir un déployement indéterminé.

Il y auroit peut-être une autre manière de donner l'impulsion aux rames; laquelle déchargeant même la gondole de tout le poids du balancier et de son montant, et la machine en général d'un poids quelconque, pourroit encore produire un grand effet; mais la crainte de charger de nouveau le cercle équatorial dans un point où il l'est déjà beaucoup, empêchera sans doute de l'employer: se seroit, au milieu de l'espace occupé par les rames, de suspendre à ce cercle deux montans, qui se rapprochant en descendant, seroient joints par des traverses, dont une, qui se trouveroit à environ deux pieds du fond de la gondole, et à laquelle seroient fixées les manœuvres, auroit son mouvement dans des coulisses en forme de quart de cercle. On voit que cet ensemble formeroit une balançoire, sur laquelle celui qui lui donneroit le mouvement pouvant s'asseoir, tiendroit lieu d'un poids de balancier.

4°. Grandeur de la gondole: forme qu'elle doit avoir: moyens de la rendre la plus légère possible : point où il faut qu'elle soit placée, et manière de l'assujettir à l'aérostat, pour qu'elle ne puisse se déplacer.

La gondole ne doit avoir que la grandeur nécessaire : trop petite, elle ne pourroit contenir tout ce qui doit y entrer; trop grande, elle auroit trop de poids, et l'on sait qu'on doit chercher à le diminuer le plus possible.

Quant à sa forme, il devroit être indifférent, relativement à la direction, qu'elle fût longue, carrée ou ronde, puisqu'elle doit se trouver dans un point où elle n'opposera aucune résistance à l'air à déplacer. Pour décider cette forme, on ne doit donc avoir égard qu'au déployement des moteurs des trois sortes d'agens, et au placement des choses absolument indispensables à la machine et aux voyageurs.

D'après cet aperçu, j'estime que cette gondole devroit avoir la forme d'un parallèlogramme, dont le grand côté seroit d'environ vingt à vingt-deux pieds ; et le petit, de huit à dix : cette grandeur devant être suffisante pour qu'elle pût contenir tout ce qui est indispensable à l'armement et à l'équipement de l'aérostat : ce qui consiste en trois balanciers et leurs montans, deux barillets, une habitacle (laquelle sera garnie des instrumens nécessaires), des outils, quelques manœuvres de rechange, et six hommes avec leurs vivres et petit équipage.

Mais, quoique cette gondole ait, comme on le voit, un poids très-considérable à porter, il faudra cependant ne renforcer que les parties qui en seront chargées à demeure; malgré ce renforcement, elle sera donc encore la plus légère possible, s'il n'entre dans sa construction que le bois absolument indispensable à une carcasse de la forme et des dimensions décidées, ayant trois pieds environ de hauteur, et que le fond ne soit garni qu'en osier tressé, couvert d'un filet en-dehors pour la plus grande sûreté, les côtés garnis seulement de ce filet, et le tout revêtu d'une toile peinte.

Nota. Sur les deux bouts de cette gondole, il y aura des petites dunettes faites avec des cerceaux, couverts en toile, pour abriter les voyageurs, qui n'étant point employés aux manœuvres, voudroient prendre du repos.

Quant au placement de cette gondole,

on sait que le centre d'ascension est le point de l'aérostat où elle seroit le mieux possible, et ce point est presque celui qui se trouve vuide par l'étranglement (A) : c'est donc à ce point que son placement doit avoir lieu ; il faudra seulement que ce soit un peu plus vers la tête, afin qu'elle puisse faire un contrepoids aux gouvernails, et manœuvres qui y ont rapport, objets qui peseront vers la queue ; et pour qu'elle puisse encore plus parfaitement faire masse avec l'aérostat, il ne faudra pas qu'elle dépasse le prolongement des dimensions qu'il auroit dans cette partie de sa capacité, si cet étranglement n'existoit pas.

Mais il ne suffiroit pas d'avoir connu le point de l'aérostat, où cette gondole devoit être placée, pour l'être le plus avantageusement possible, si on n'avoit trouvé les moyens de l'y maintenir, puisqu'on sait qu'un déplacement sensible seroit des plus dangereux; c'est aussi à quoi j'ai réfléchi, et je crois être encore parvenu à remplir cet objet avec succès.

Pour que cette gondole n'ait donc absolument d'autres mouvemens que ceux auxquels elle doit participer avec l'aérostat, particuliérement dans les inclinaisons qu'on doit faire prendre à cette machine, il faudra, non-seulement qu'elle soit suspendue aux deux cercles équatoriaux dans le plus de points possibles de leurs pourtours, mais encore fortement assujettie aux deux traverses (C fig. I.) qui se trouvent, comme on sait, placées presqu'horisontalement à elle, à vingt-cinq pieds de la tête et de la queue : ces traverses l'étant elles-mêmes également à plusieurs points de ces cercles, de manière à devoir rester fixes, fixeront donc aussi cette gondole au point où elle sera placée : elle ne pourra donc se porter ni en avant , ni en arrière; même pour qu'elle ne puisse prendre d'inclinaisons particulières, il faudra encore à ses quatre angles, placer des montans (F fig. I.), aux bouts desquels il y aura un manche à coulisse en cuivre, d'environ six pouces de déployement, lesquels montans seront assujettis aux points des traverses où sont adaptés les ressorts.

Je laisse ce jeu de six pouces à ces montans, parce que j'apperçois que, malgré toutes les précautions qu'on prendra, la gondole tendra quelquefois à s'élever dans ses extrémités par les inclinaisons que prendra la machine, même en entier par l'effet d'une grande humidité qui feroit raccourcir les cordes qui la suspendent; mais, abstraction faite de ces effets accidentels, ainsi assujettie, ne pouvant s'élever, s'abaisser, se porter en avant, ni en arrière, ni prendre d'inclinaisons particulières, du moins sensibles, dans aucune de ses extrémités, puisqu'elle sera retenue de toute part, et même comme repoussée aux points où elle pourroit tendre ; cette gondole n'aura certainement d'autres mouvemens que ceux auxquels elle doit participer avec l'aérostat ; elle fera donc masse avec lui : ce qu'il falloit démontrer pour détruire la crainte qu'on auroit pu avoir des effets des inclinaisons à faire prendre à cette machine.

La gondole ainsi établie, il ne s'agira plus que d'ajuster aux balanciers et aux barillets les huit manœuvres qui doivent servir à transmettre à la machine l'impulsion qu'on donnera aux moteurs.

Nota 1°. On doit apercevoir, dans le placement de cette gondole, que, si les douze ressorts, maintenus aux cercles équatoriaux, dans les flancs de la machine, doivent empêcher que la tension des cordes transversales ne puisse leur occasionner un aplatissement dans ces flancs : ces cordes, à leur tour, empêcheront, par cette tension, que ces cercles ne puissent aussi prendre une plus grande courbure dans ces deux parties de leur pourtour ; effet que le poids de la gondole auroit surement occasionné, sans cet empêchement; sur-tout lorsque la machine auroit éprouvé une inclinaison quelconque, qui l'auroit surchargée dans une de ses extrêmités. Tout est donc prévu dans la construction de ce nouvel aérostat, et tout tendra le plus possible, comme tout doit tendre, à lui donner la plus grande solidité.

2. On doit juger que le balancier qui communiquera l'impulsion aux rames aura son mouvement longitudinalement, et que ceux qui le communiqueront aux queues, ou gouvernails, l'auront transversalement : on peut d'ailleurs le voir par la figure III. Ces balan-

ciers seront en fer, ou en cuivre : je ne parlerai ici ni de leurs dimensions, ni de leurs poids, puisqu'on ne peut rien décider de positif à ce sujet, qu'on n'ait connu la force qu'ils auront à communiquer.

5°. *Forme à donner aux trois sortes d'agens qui doivent diriger la machine, et manière de les adapter.*

Agens de direction.

On sait que ces agens sont les deux gouvernails ; les barres de ces gouvernails étant déjà introduites dans la capacité de l'aérostat, il ne s'agira donc plus, pour en terminer la construction, que d'adapter à ces barres des espèces de queues (G fig. I.), de la forme à-peu-près de celle d'un poisson : cette adaptation se fera par l'entremise de viroles en cuivre, ou en fer, qui seront scellées par des vis à écrou ; ce qui facilitera le moyen de les changer lorsqu'elles seront usées, ou déchirées: les rames seront ainsi adaptées.

Ces queues qui, avec les barres, doivent former un X, se trouveront séparées de six à sept pieds, à leur extrémité, afin que leur mouvement reste libre; voyez les fig. I. et II.

Pour obtenir de ces queues le même effet que les poissons obtiennent de la leur, il faudra que chacune d'elles soit composée de deux chassis en bois liant, léger et fort, garnis en taffetas, ou en toile ; formant ensemble un triangle isocèle, dont on pourroit même, si l'on vouloit, briser le petit côté pour leur donner encore plus la forme de celle d'un poisson ; lesquels chassis seront maintenus aux barres avec des charnières à repos, afin qu'ils ne puissent se déployer que dans un sens: pour soulager même ce repos, on assujettira encore à chacun des grands côtés extérieurs de ces chassis de fortes garcettes, qui en arrêteront le déployement, lorsqu'ils auront parcouru entre eux un arc d'environ cent quarante degrés.

Ainsi construites, ces queues doivent encore être fixées aux barres de manière que l'une fasse effort à droite, et l'autre à gauche, sans quoi l'objet de leur établissement n'eût point encore été rempli.

S'il avoit été possible d'obtenir exactement l'effet de la queue d'un poisson avec un seul gouvernail, on auroit épargné le poids de tout ce qui a rapport au second; mais on en voit l'impossibilité, puisque si ces chassis avoient été immobiles aux bouts des barres, un coup de gouvernail auroit détruit l'effet du précédent; et que s'ils avoient été mobiles en tout sens, ils n'en auroient produit aucun: dans ces deux cas, on n'auroit donc point encore obtenu de direction. S'il existe un moyen mécanique à employer pour simplifier ces deux agens et les réduire à un unique, à coup sûr, il seroit trop compliqué pour être applicable à cette circonstance.

Les chassis se trouvant réunis, lorsque les queues iront embrasser l'air pour le comprimer de nouveau, pourroient rester collés et ne pouvoir se déployer, par l'effet même de cette pression d'air, s'il n'avoit la liberté de s'engouffrer entre les deux. Pour lui en faciliter le moyen, il y aura entre chaque chassis de petits coins, qui les empêchant de se joindre, laisseront une entrée libre à cet air: il y en aura de même aux rames, ou agens de vitesse.

Agens de vitesse.

Comme on imagine sûrement que

ces agens, qu'on nommera, si l'on veut, aîles, rames ou nageoires, ne doivent faire effort que du côté opposé où la machine doit être portée, je ne dois rien avoir à dire à ce sujet ; ces agens (H fig. IV. et V.) devant d'ailleurs avoir la même forme de ceux de direction, être également adaptés, et ne différer que par les dimensions.

Agens d'ascendance et de descendance.

Quant à ces agens, quoiqu'ils n'aient aucun rapport aux deux autres, leurs manœuvres établies dans la capacité de l'aérostat, il ne me reste plus à dire que, lorsque le décintrement de la carcasse aura eu lieu, il faudra, avec les soins qu'on connoît, coudre à l'enveloppe les poches dont j'ai parlé, et quand cette enveloppe sera remplie, ou presque remplie par le gaz, en ajuster les manœuvres: les scéler hermétiquement aux gaînes de leur déployement et les fixer aux barillets (I fig. III.), sur lesquels elles doivent être entiérement roulées, lorsque ces poches seront au dernier point de leur contraction , ou rentrée dans la capacité.

Pour faciliter la dilatation de ces poches, et balancer l'effet du frottement des poulies, il faudra peut-être suspendre un petit poids (K), au centre de chacune d'elles.

Nota. Le décintrement de la carcasse aura lieu lorsque tout sera adapté et ajusté, et qu'on aura ôté de dessus l'enveloppe toutes les parties, pièces par pièces, pour les y remettre de nouveau, lorsqu'elle sera complétement renflée par le gaz, dont l'introduction se fera par l'entremise de trois appendices, afin qu'il puisse en entrer assez à la fois pour faire effort contre les parois de l'enveloppe ; car son poids auroit peut-être pu y mettre obstacle, si cette introduction ne s'étoit faite que par un seul. Ces trois appendices seront également nécessaires à la sortie de l'air atmosphérique, dont l'enveloppe sera remplie avant cette introduction de gaz ; car les barres des gouvernails, les poulies et les diverses manœuvres qu'elle contiendra, ne permettant pas de la rendre absolument flasque, on sera peut-être obligé, pour parfaire le vuide, d'y appliquer des machines pneumatiques.

6°. *Poids de chacune des choses qui doivent entrer dans la construction et l'armement de l'aérostat, pour démontrer qu'en totalité il ne peut surpasser la force d'ascension à pouvoir lui donner.*

On ne pourroit, avant d'avoir pesé scrupuleusement chacune des choses qui doivent entrer dans la construction et l'armement de l'aérostat dont on vient de faire la description, décider absolument que leur poids total ne surpassera pas sa force d'ascension; mais on peut au moins le démontrer par aperçu : c'est donc ce que je vais faire.

Enveloppe, ...	1265 liv.
Garniture de l'enveloppe, filet, cordes, manœuvres, poulies, etc.	300
Gondole et dépendance, . . .	600
Cercles équatoriaux, traverses et ressorts, ...	500
Gouvernails et rames, ...	250
Balanciers, ...	300
Provisions, outils et choses accidentèles, ...	200
Six hommes, à cent cinquante livres, l'un dans l'autre, . .	900
	4315
Poids du gaz, . . .	686
TOTAL, ...	5001

Mais si l'on a vu qu'un aérostat, tel que celui que l'on propose, d'un volume de soixante mille pieds cubes, déplaçoit cinq mille cent cinquante-huit livres d'air atmosphérique; c'est donc cent cinquante-sept livres d'excès de force d'ascension qu'il pourroit avoir, quoique le poids de beaucoup de choses soit peut-être outré. Cet excès seroit même, non-seulement nul, mais encore nuisible ici : nul ; puisqu'il suffiroit qu'il y eût une balance exacte entre cette force et le poids total de la machine, pour qu'elle fût, à cet égard, à son plus haut point de perfection ; ne devant obtenir le surcroît de force d'ascension qui lui est indispensable pour pouvoir s'élever, que de la dilatation des agens d'ascendance et de descendance, des effets desquels on va bientôt parler : nuisible ; puisque cet excès empêcheroit invinciblement la machine d'arriver à terre. Ces cent cinquante sept livres pourroient donc être ajoutés aux objets dont le poids ne paroîtroit pas avoir été assez apprécié. Il sera même si facile d'augmenter encore cette force d'ascension, soit par un surcroît de volume, soit par une qualité supérieure du gaz, afin d'établir cette balance, que jamais une erreur, même considérable, dans l'évaluation de ce poids en général, ne pourroit être un empêchement à l'exécution de cet aérostat.

Ayant rendu compte de tout ce qui a rapport à la construction de cette nouvelle machine, il ne me reste plus qu'à prouver que les trois sortes d'agens qui lui seront adaptés, concoureront vraiment à produire les divers effets annoncés, dont il doit résulter la direction des aérostats à volonté.

Quoiqu'on ne dût attendre qu'un ouvrage sommaire, j'ai cependant été nécessité à entrer dans de longs détails, à l'égard de cette construction. J'avois annoncé des agens dont les effets devoient procurer la direction aux aérostats; il falloit bien, avant de convaincre de la certitude de ce résultat, prouver la possibilité de l'établissement de chacun d'eux. Ces détails, tout minutieux qu'ils peuvent paroître, étoient donc aussi indispensables dans ce sommaire que dans un traité complet.

Effets des agens de direction.

On sait que deux balanciers (1) mis en mouvement donnent le jeu à deux queues, ou gouvernails : que ces queues n'agissant qu'alternativement et non con-

---

(1) Ces balanciers seront posés sur le même axe, afin d'être plus sous la main du pilote, qui doit passer subitement de l'un à l'autre : ils auront une forme différente, afin qu'il ne puisse se tromper, lorsquil les mettra en mouvement.

çurremment (ce qui est à remarquer), ne font effort que d'un seul côté; la pression de l'air faisant qu'en retrogradant, les chassis dont elles sont composées se replient sur eux-mêmes, à peu-près comme les pattes d'un cigne: ces queues étant donc ainsi établies, et devant d'ailleurs produire un puissant effet, puisqu'elles ont un puissant moteur, beaucoup de surface, et qu'elles sont identifiées à l'aérostat; n'est-il pas certain que si on continuoit à agiter celle qui fait effort vers la droite, l'aérostat ne tourneroit que sur la droite, en pirouettant sur lui-même, et qu'il en seroit ainsi sur la gauche, si on n'agitoit que celle qui fait effort vers ce côté: donc, en agitant alternativement, et à propos, ces deux queues, on devroit porter la machine, ou à droite, ou à gauche, par conséquent, la maintenir dans le point de l'horison où l'on voudroit qu'elle cinglât, ou l'y faire revenir, si elle tendoit à s'en écarter. Mais si un vaisseau, qui obéiroit aussi exactement à son gouvernail, étoit censé être gouverné, ou dirigé; un aérostat dans ce cas, doit l'être aussi: il n'est donc plus besoin que de l'effet d'une autre puissance, pour que cette machine soit enfin portée vers le point où elle sera dirigée; car, sans ce secours, ainsi qu'un vaisseau sans voiles, ou une chaloupe sans rames, elle continueroit également à être emportée par le courant du fluide dans lequel elle seroit immergée. On va voir que les agens de vitesse produiront si complétement cet effet qu'il ne restera rien à desirer à ce sujet.

Effets des Agens de vitesse.

Si douze hommes ramoient fortement sur une chaloupe qui fût bien gouvernée, n'est-il pas certain que l'effort du vent, joint à celui du courant, pourroit à peine empêcher qu'elle n'arrivât au point désigné : ici, ce ne sont point, il est vrai, douze rameurs, qui réunissent leurs forces, mais douze rames, qui agissent par l'effet d'une impulsion donnée à un seul moteur.

On prouveroit que l'aérostat, ainsi que la chaloupe, se porteroit en avant par l'effet de cette impulsion, s'il ne falloit que démontrer que les douze rames de l'aérostat, mues par ce seul moteur, ont, ou peuvent avoir, autant de puissance que les douze de la chaloupe, mues par ces douze rameurs.

Mais prouver, même géométriquement, que ce moteur unique a, ou peut avoir, lui seul, autant et même plus de force, non-seulement relative, mais réelle, que ces douze hommes ensemble, ce seroit satisfaire à la question, et non convaincre (l'expérience seule pouvant y parvenir avec des incrédules), il n'est donc qu'un moyen de forcer à sortir de l'erreur où l'on est, à l'égard de cette prétendue impossibilité d'adaptation à cette machine de forces suffisantes pour la porter en avant, c'est de faire apercevoir que le poids de ce moteur est illimité; car ce poids ne peut être illimité, sans que sa force ne le soit, puisque si l'on peut augmenter, à volonté, le poids de ce moteur, on peut également augmenter la force qui doit lui donner l'impulsion; de ce poids et de cette force illimitée, il doit de même résulter une puissance illimitée à ces douze rames; puisque cet avantage permettant aussi de leur donner des surfaces également illimitées, elles pourront toujours en avoir entr'elles, qui excéderont celle que l'aérostat opposera à la résistance de l'air au point de sa direction : ces rames pourront donc produire des effets illimités. Mais des rames qui produiront de tels effets, déplaceront certainement cette machine et la porteront en avant, avec autant, même plus de facilité, que ces douze rameurs ne portent leur chaloupe, puisque d'ailleurs elles n'auront qu'une résistance à vaincre, celle du courant d'air.

On ne pourroit sentir la vérité de cette conséquence, laquelle, comme on voit, est également applicable aux agens de direction, si l'on doutoit encore de l'existence du point d'appui dans l'atmosphère, qui fait voler les oiseaux : mais je suppose ici ce point d'appui démontré, sans quoi cet édifice ne pourroit que s'écrouler, puisqu'il ne seroit fondé que sur une base *insolide.*

Qu'on ne me cherche point chicane sur ce poids illimité, dont le moteur unique, qui doit donner l'impulsion aux rames, est susceptible. Je sais qu'il y auroit un terme où l'on seroit forcé de s'arrêter, puisque l'aérostat ne pourroit enlever un balancier d'un poids considérable, sans être lui-même d'un volume des plus considérables : cependant, si le poids de ce balancier, ou moteur unique, qui doit procurer le grand effet dont nous venons de parler, ne pouvoit jamais excéder la force d'ascension qu'il est possible de faire obtenir à la machine, soit par un surcroît de volume, soit par une qualité supérieure de gaz (lorsque, toutefois, on lui auroit donné une forme dirigeable), les savans n'auroient-ils pas eu tort, s'ils avoient décidé que ce poids étoit un empêchement invincible à l'obtention des moyens de direction ?

Je n'ai d'ailleurs avancé cette assertion que pour démontrer la possibilité physique de cet excès de force sur la résistance; car cette résistance nécessitera si peu un poids extraordinaire à ce moteur, que même il pourroit arriver qu'il produisît un grand effet, n'en ayant un que très-médiocre : il ne seroit donc question que de trouver le moyen de réduire cette résistance à son plus foible effet? Pour y parvenir, j'ai imaginé d'adapter à la tête de l'aérostat quatre chassis, en forme de triangle, garnis en taffetas, ou en toile, dont les angles se réunissant à un point, formeroient un coin, ou tête de porc, qui, coupant l'air, la réduiroit vraiment presqu'à zéro. Ce moyen pourroit en effet diminuer si considérablement le besoin de force, que celle qu'on employeroit, pour peu qu'elle fût considérable, devroit donner la plus grande vitesse à la machine. On voit ces quatre chassis réunis dans les figures I., VI., VII. et VIII.

Il est donc démontré, même d'une manière palpable, que les agens de vitesse, ainsi que ceux de direction, produiront vraiment les effets annoncés;

c'est-à-dire, transporteront, avec force, l'aérostat vers le point où il sera dirigé. Comment n'en auroit-on pas obtenu cet effet, lorsqu'ils sont adaptés au point central, le plus avantageux pour les effets, et qu'ils ont une puissance, dont ce point, presqu'autant que le moteur, permet l'augmentation illimitée?

Il ne faut cependant pas croire, malgré cette puissance, le point avantageux de leur placement, et le secours qu'ils obtiendroient encore du ressort du fluide dans lequel ils agissent (car on ne doit jamais perdre de vue ce dernier avantage, il est plus grand qu'on ne l'aperçoit au premier coup d'œil); il ne faut pas croire, dis-je, que ces agens puissent faire cingler un aérostat contre un très-fort courant d'air. Quand bien même tous ces avantages réunis tendroient à produire cet effet, la machine ne pourroit sans doute jamais acquérir assez de solidité pour résister aux secousses que dans ce cas, une risée inattendue, ou un faux coup de gouvernail, pourroit occasionner : il faudroit donc, je crois, renoncer pour jamais à cette espérance, mais non à celle de pouvoir faire une route composée avec la direction de ce vent, même contre ce vent, s'il n'étoit pas trop forcé ; car dans un calme, comme il n'y auroit aucun empêchement, on ne sauroit douter, après tout ce que je viens de faire connoître, que le chemin qu'on pourroit faire ne fût très-considérable.

Il y auroit donc quatre circonstances générales, dans lesquelles un aérostat pourroit se trouver à l'égard de sa direction : je vais en faire l'analyse : un vent si violent, qu'on seroit forcé de s'abandonner à son courant ; un vent modéré, avec lequel on pourroit faire route, quoiqu'il ne conduisît pas au point désigné; un vent assez léger pour ne pouvoir empêcher de cingler contre son courant; enfin un calme parfait qui permettroit de faire route où bon sembleroit, sans qu'on éprouvât de déviation.

Dans le premier cas, s'il falloit absolument, comme je viens de le dire, s'abandonner à ce fort courant, il pourroit bien arriver, si la tempête duroit seulement quarante-huit heures, qu'on se trouvât sur un autre continent: il faudroit donc, dans ce cas, ou prendre terre, si on ne se trouvoit pas sur la mer, ou s'élever à une hauteur où l'on pourroit trouver un calme, ou un vent contraire à celui qui régneroit plus bas.

Dans le second cas: par exemple, si on avoit affaire au nord-est, et que le vent fût à l'ouest; en se dirigeant et se portant vers le nord, lorsqu'en même tems on dériveroit à l'est, avec le courant d'air, la route composée qu'on feroit, conduiroit à ce point, le nord-est, si elle étoit la diagonale d'un carré. Pour parvenir à parcourir exactement cette diagonale, il faudroit donc régler sa marche directive sur la vitesse du courant, c'est-à-dire, l'accélérer, en accélérant les mouvemens du balancier, ou la retarder, en retardant ces mouvemens.

Dans le troisième cas, quoiqu'on fît route contre un vent léger, il faudroit cependant y tenir la machine exactement dirigée, sans quoi elle seroit bientôt emportée en travers, et ne feroit plus route : son chemin, dans ce cas, ne pourroit donc être positivement estimé, puisqu'il dépendroit du plus ou du moins de vent, et de la manière de gouverner.

Quant à celui qu'on feroit dans le quatrième cas ; s'il n'est également pas possible d'en faire une exacte estimation, on peut au moins l'imaginer ; car on doit supposer un coup de rame par seconde, puisqu'un pendule achève une vibration dans ce tems : on peut aussi raisonnablement supposer, par chaque coup de rames, un déplacement du quart de la longueur de la machine, lorsqu'elle seroit en pleine marche: ce déplacement seroit donc de quatre toises et un pied par seconde, six lieues et six cens toises, par heure, et cent cinquante lieues, par jour (1). Ce qu'il falloit démontrer, pour prouver qu'il est possible de tirer parti de toutes les circonstances dans lesquelles un aérostat peut se trouver; car il est certain que ces machines ne furent jamais indirigeables, et qu'après avoir changé leur forme, et consolidé leur enveloppe,

(1) On ne sera point étonné de cette vitesse, si on veut la comparer à celle des oiseaux et des poissons.

il ne falloit, pour obtenir ce résultat dans toute sa plénitude, que placer avantageusement des agens de direction et de vitesse, et leur donner la puissance nécessaire. Cette digression peut d'ailleurs faire apercevoir les grands rapports qui existent entre la navigation que nous cherchons à connoître, et celle que nous connoissons : elle ne diffère en effet, du moins essentiellement, que par l'absence et la nullité des voiles.

Effets des agens d'ascendance et de descendance.

Les moyens dont on s'est servi jusqu'ici, pour augmenter, ou diminuer la force d'ascension des aérostats, n'étoient certes pas le fruit du génie : aussi n'ai-je pas l'intention de les fronder sérieusement. Que pouvoient, en effet, signifier ces sacs de sable et cette soupape ? De tels moyens auroient-ils eu quelques rapports à l'objet auquel on les avoit destinés, si vraiement on eût voulu voyager, ou faire une station un peu longue dans l'atmosphère ? On me répondra, sans doute, à l'égard de l'agent de descendance, qu'ayant trouvé un moyen pour s'élever, il falloit bien aussi s'en réserver un pour descendre; sans quoi, restant, malgré soi, dans l'espace, il auroit pu arriver, sur-tout si l'enveloppe avoit eu une certaine imperméabilité, que, transporté hors des limites qu'on s'étoit circonscrites, on eût couru les risques d'être englouti dans le liquide élément, si par malheur le vent y eût porté la machine? J'ai déjà dit que la peur avoit donné naissance à cet agent. En effet, sans cette peur, qui absorbe toujours les facultés de l'imagination, qu'est-ce qui auroit jamais pu déterminer à faire la moindre évacuation du fluide précieux qui constitue l'essence d'un aérostat, lorsque, d'une autre part, on paroissoit prendre tant de précautions pour le retenir dans l'enveloppe qui le renfermoit? Que pouvoit-on devenir, après en avoir fait une perte réitérée, sur-tout, lorsque ce sable, ou cette poudre, qui sembloit faire des miracles, quand on la jettoit aux yeux des spectateurs, auroit cessé d'être une ressource pour pouvoir s'élever de nouveau? On n'avoit donc d'autre parti à prendre que d'en faire une évacuation totale, et de revenir à ses dieux pénates, leur offrir le fruit de ces inutiles expériences.

On m'objectera peut-être que, quoique le moyen employé dans l'expérience de St. Cloud, n'ait pas eu le succès qu'on en attendoit, il prouve cependant qu'on n'avoit pas l'intention de s'en tenir à ceux dont je viens de parler : mais quelle dénomination donnera-t-on à ce moyen? Étoit-ce un poumon, ou tout simplement une vessie pleine d'air atmosphérique? Si c'étoit un poumon, où étoit la trachée artère et la glotte, pour la communication avec l'air extérieur? Si c'étoit une simple vessie, sans aucune communication avec cet air, quelle étoit la force qui devoit la comprimer assez pour pouvoir procurer la descendance? Quel pouvoit donc être l'effet de ce moyen, quand bien même aucun accident n'y eût mis obstacle? falloit-il de cet accident se faire un sujet d'excuse contre sa non-réussite? n'est-ce pas comme si on avoit voulu persuader que, dans l'ascension du Champ de Mars, on se seroit dirigé, si le zèle trop ardent d'un élève de l'Ecole Militaire n'avoit occasionné la destruction de quelques foibles agens, tout aussi inutiles?

On doit donc avouer (cet aveu sera essentiel aux progrès de l'art) qu'on n'a pas plus imaginé les vrais moyens d'augmenter et de diminuer la force ascensionnelle des aérostats, que ceux de les diriger à volonté. Si je suis le premier qui ait enseigné la vraie théorie de leur direction, je suis donc aussi le seul qui ait indiqué ces moyens; j'entends de manière à ce qu'ils fussent permanens et pussent toujours être réglés sur les besoins: on va en juger (1).

Supposons que ces poches, dont on connoît d'ailleurs la construction, eussent assez de grandeur, pour qu'à leur aide, on pût varier le volume de l'aérostat, au point de lui donner trois cens livres de plus, ou de moins, de force d'ascension (on supposeroit même ce qui est un fait; car telles qu'elles sont, elles auroient

(1) Le laps de tems qui s'est écoulé depuis la découverte de l'ascension des aérostats, sembloit même ne laisser aucune espérance de trouver ces moyens.

assez de surface, pour procurer cet effet, et cette surface pourroit encore être autant augmentée qu'on le jugeroit nécessaire): ceci donc envisagé, ou comme supposition, ou comme vérité, n'est-il pas certain, la force d'ascension étant à zéro, qu'on ne pourroit dilater ces poches, pour élever cette machine dans l'air, sans ajouter à cette force, puisque ce procédé, augmentant son volume, diminueroit nécessairement de sa pesanteur relative: ni continuer cette dilatation jusqu'au point extrême, sans ajouter trois cens livres à cette force? et que si l'aérostat étoit parvenu à un point quelconque d'élévation dans l'atmosphère, où, par cette dilatation, il se trouveroit de nouveau en équilibre avec l'air, qu'on ne pourroit aussi contracter ces poches, sans retrancher de cette force d'ascension, puisque cet autre procédé, diminuant de son volume, ajouteroit nécessairement à sa pesanteur, aussi relative : en continuant également cette contraction jusqu'à l'autre point extrême, on auroit donc aussi diminué trois cens livres à cette force ; la machine seroit donc nécessairement revenue à son point de départ, c'est-à-dire, à terre, après avoir eu une variété de trois cens livres de force d'ascension, pendant le cours de ces deux opérations, sans cependant qu'on eût rien changé à sa pesanteur réelle, effet qu'il falloit aussi démontrer.

Le moyen qui procure cet avantage, est d'ailleurs si simple que, par le secours de manivelles, il ne sera question que de tourner, ou de détourner les manœuvres qui sont sur les barillets : comme on pourra le répéter autant de fois qu'il sera nécessaire, même sans altérer en rien la force d'ascension qui constitue l'essence de la machine, on peut avancer qu'il est permanent. Cependant, de ce moyen, tout simple qu'il est, il résulteroit que cette augmentation de trois cens livres de force d'ascension feroit élever la machine indéfiniment, si, à chaques points verticaux, où elle passeroit, l'air ne diminuoit aussi de pesanteur.

Il résulte encore de tout ce que l'on vient de dire, à l'égard des poches, ou agens d'ascendance et de descendance, que, puisque totalement contractées, il ne doit plus rester d'excès de force d'ascension à l'aérostat, lorsqu'il sera chargé de tout ce qu'il doit enlever; qu'il faudra régler les surfaces de ces poches sur l'élévation qu'on décidera devoir faire prendre à la machine; laquelle doit être celle où les voyageurs pourroient atteindre, sans perdre la respiration.

Il ne faut pas confondre cette force d'ascension, qui peut être augmentée de trois cens livres, et plus, avec celle qui constitue l'essence de l'aérostat, puisqu'elle en est indépendante : elle ne doit donc être envisagée que comme un accessoire essentiel à la force d'ascension permanente, que cette machine a déjà acquise de la nature du fluide dont son enveloppe est remplie ; lequel fluide étant à ressort, ainsi que l'air qui l'entoure, permet cette dilatation jusqu'à un certain point: il en est ainsi de la compression. Cette compression doit d'ailleurs être très-possible, puisqu'elle n'est pas de la trentième partie du volume de l'aérostat. L'air atmosphérique pouvant être réduit à la treizième partie de son volume ordinaire, les gaz doivent même pouvoir éprouver une plus forte réduction.

Un autre effet des agens d'ascendance et de descendance, qui paroîtra encore plus étonnant que celui que nous venons de faire connoître ; lequel résultera particuliérement de la grande sensibilité de l'aérostat, par rapport à sa forme, et qui rend même indispensable la réduction du diamètre horisontal, et l'augmentation du vertical, pour ajouter encore à cette sensibilité : c'est que ces agens, de la manière dont ils sont placés (l'étant, comme on sait, vers les deux extrémités de la machine), permettant des inclinaisons à cette machine, ces inclinaisons lui procureront de nouveaux moyens d'obtenir ces deux résultats, l'ascendance et la descendance, sans même qu'on soit obligé de dilater, ni de contracter de nouveau ces agens, lorsque ces inclinaisons seront une fois prises, par leur moyen : on va m'entendre.

Puisqu'en dilatant, ou en contractant les poches ensemble et également, il en résulte, pour tout l'aérostat, une diminution, ou une augmentation de pesanteur relative; en dilatant, ou en contractant l'une plus que l'autre, il en résultera donc également un excès de légéreté, ou de pesanteur, aussi relative, à l'une des extrêmités de la machine? Dans ce cas, elle sera donc forcée de prendre les inclinaisons dont on vient de parler, la partie la plus pesante baissant nécessairement? Ces inclinaisons seront donc ascendantes, si la partie vers la tête est plus légère que celle vers la queue, et descendantes, si celle vers la queue, l'est plus que celle vers la tête (1).

---

(1) Il ne faut pas oublier que les deux poches du côté de la queue, n'en font qu'une, quant à l'effet; aussi n'ont-elles qu'une seule manœuvre entre elles deux.

Les manœuvres de ces poches seront peintes de couleurs différentes, et auront des divisions et subdivisions très-appercevables, afin que celui qui

Ceci posé, comparant l'air atmosphérique, ne l'envisageant cependant que dans le sens vertical, qu'il soit agité, ou calme, puisque ces deux circonstances sont ici indifférentes, à un milieu stagnant, ou dans lequel il n'y auroit qu'un foible courant, n'est-il pas certain que, si, par le moyen dont on vient de parler, on faisoit prendre à l'aérostat, en équilibre avec la couche d'air dans laquelle il se trouveroit immergé, l'inclinaison ascendante (fig. VI.), et qu'on Fig. VI.
employât l'impulsion des rames, il feroit route; et que cette route tiendroit de l'ascendance, comme elle tiendroit de la descendance, si on lui en avoit donné l'inclinaison (fig. VII.)? On va plus loin Fig. VII.
encore : n'est-il pas de même évident, quand bien même l'aérostat auroit un

---

sera employé à ces agens puisse, sans se tromper, exécuter exactement les ordres du pilote.

surcroît de pesanteur sur cette couche d'air, ce que l'on peut comparer à un foible courant ; qu'avec cette inclinaison ascendante, il s'éleveroit encore, par l'effort des rames, comme avec une descendante il s'abaisseroit, par le même effort, quand il auroit un excès de légéreté : seulement, dans ces deux cas, au lieu de parcourir des lignes droites, il décriroit des lignes courbes, l'excès de légéreté, ou de pesanteur, faisant continuellement un effort contraire à celui des agens de vitesse (1).

Il est donc évident que, sans rien retrancher ni ajouter au poids réel, même

---

(1) On aperçoit que, lorsqu'on contractera les poches, particuliérement celles de derrière, il faudra dilater d'autant celles de devant, afin de se conserver au même point de l'atmosphère ; sans quoi, il en résulteroit un effet contraire à son attente.

relatif, de cet aérostat, non seulement on pourroit le faire s'élever et s'abaisser à volonté, lorsqu'on seroit en équilibre avec l'air atmosphérique, mais encore obtenir ces deux résultats, avec un poids supérieur, ou inférieur à cet air; lequel poids on pourroit même augmenter, ou diminuer sensiblement, et les obtenir encore, pourvu que permanément on opposât à cette force de descendance, ou d'ascendance, une force motrice excédente.

Il faudra en effet que cette force soit permanente, car elle ne discontinueroit pas plutôt son effet, que la machine iroit se remettre en équilibre au point vertical, dont on l'auroit fait partir.

Ceci prouveroit que cette vessie que les poissons dilatent, ou contractent, pour obtenir ces résultats, n'est qu'un surcroît de moyens chez eux; leurs agens de vitesse pouvant y suppléer, lorsqu'ils ont pris les inclinaisons vers le but où ils tendent : il faudra donc aussi ne se servir complétement de ce moyen de dilatation et de contraction des poches, que dans les cas nécessiteux, comme lorsqu'on seroit forcé de se porter subitement à une grande élévation, ou vers la terre.

Au surplus, qu'on ne croie pas que ces inclinaisons à donner à la machine doivent être très-considérables : jamais elle n'en auroit besoin de semblables, et ne pourroit même les éprouver : on réglera donc l'effet des agens qui les feront obtenir, pour que ces inclinaisons ne soient, au plus, que de dix à douze degrés.

Ce que je viens de dire, dont rien ne prouve qu'on eût l'idée, paroîtroit tenir du merveilleux, si, quant à l'ascendance et à la descendance, par le secours des inclinaisons, et de l'impulsion des rames, on ne se rappelloit les procédés des oiseaux et des poissons : et quant à ces effets procurés par celui de la dilatation, ou contraction des poches, ceux qui sont particuliers à ces derniers.

Aucun agent ne pouvoit donc plus certainement, plus permanément, plus complétement même, faire obtenir cette augmentation, ou cette diminution de force d'ascension que ceux dont on vient de faire connoître les effets, puisque ces effets peuvent être réglés sur le besoin, et être répétés autant de fois qu'il sera nécessaire; non seulement, ainsi qu'on vient de le dire, sans être obligé de rien changer à la pesanteur réelle de l'aérostat, mais même à celle relative : n'est-ce pas, en effet, le résultat des diverses inclinaisons que ces agens permettent de lui faire prendre? Lesquels des moyens employés jusqu'ici pourroient donc leur être comparés? Est-ce le lest et la soupape? est-ce cette vessie qu'on avoit mis dans le ballon de St. Cloud? sont-ce ces aîles, dont on attendoit de si grands effets, quoiqu'on ne les agitât que de la gondole d'une machine informe, quant à la direction (1)? On ne parviendra certainement pas à le prouver, puisque ces agens (si toutefois on pouvoit leur donner une telle qualification) n'avoient aucune des perfections requises pour pouvoir remplir l'objet auquel on les avoit destinés. Ils les avoient si peu, ces perfections, qu'on sait qu'un de ces moyens pensa occasionner le plus cruel des accidens, celui qui devoit résulter de l'extension subite du gaz dans une couche d'air, qui se trouvoit plus raréfiée que celle du point de départ. Si dans cette

---

(1) Comment avoit-on pu apercevoir que c'étoit à la gondole à conduire l'aérostat!

circonstance critique, on fut trop heureux d'avoir eu l'idée de faire des ouvertures à l'enveloppe, on peut cependant dire que c'étoit jouer gros jeu d'employer, pour se préserver du plus grand des malheurs, un moyen qui devoit immanquablement y donner lieu. Aussi ne dût-on vraiment qu'au hazard d'en avoir été complétement garanti.

On me dira peut-être que, dans cette circonstance, on n'auroit pu contracter les poches, pour faire descendre l'aérostat, sans provoquer l'explosion du gaz? Mais, ne voit-on pas que, par cette contraction, qui même n'auroit pas eu besoin d'être complète, on auroit prévenu le danger? D'ailleurs, n'ayant pas à craindre de perte de gaz, l'enveloppe étant imperméable, il ne sera jamais nécessaire de tenir cette enveloppe à son dernier point de gonflement. La contraction, même totale, des poches, ne comprimera donc jamais assez ce fluide, pour faire redouter cette explosion, dans cette circonstance, ni même dans aucune de celles où un aérostat pourroit se trouver.

Au surplus, on pourroit encore, par surcroît de prudence, se réserver les deux ressources que peuvent procurer la soupape et le lest, pour les employer dans les circonstances désespérées; comme lorsqu'aux risques de mourir de faim en pleine mer, ou de ne pouvoir hazarder d'aborder une côte, on a vu couper les mats d'un vaisseau, et jetter ses ancres à la mer, pour éviter le naufrage dont on étoit menacé.

D'après ce que je viens de faire connoître des divers effets des trois sortes d'agens, de direction, de vitesse et d'ascendance et de descendance, dont la puissance dépend, tant de la forme nouvelle donnée à l'aérostat, que de la manière dont ils lui sont adaptés ; pourroit-il encore exister quelques doutes sur la certitude du résultat que j'ai annoncé ?

Si donc l'établissement de ces agens est démontré aussi possible que les nouvelles dimensions à donner à l'aérostat ; si la solidité et l'imperméabilité de l'enveloppe sont reconnues aussi réelles que suffisantes ; et si l'on aperçoit que ces deux qualités indispensables ne pourront essentiellement nuire à la souplesse et à la légéreté qu'on doit lui conserver le plus possible ; s'il est prouvé que la gondole, de la manière dont elle est assujettie, ne pourra laisser craindre aucuns déplacemens sensibles, dans les inclinaisons à donner à la machine ; si le poids de tout ce qui doit entrer dans la construction et l'armement de cette machine n'est point jugé devoir surpasser la force d'ascension, qu'une qualité supérieure de gaz, ou une augmentation de volume, pourroit lui faire obtenir, si l'on jugeoit qu'elle n'en eût pas assez; enfin, si un aérostat tel que celui dont on vient de faire la description, paroît offrir un ensemble de toutes les sortes de perfections qu'on auroit pu y desirer, qui pourroit empêcher d'en faire les frais, quelque considérables qu'ils pussent être, lorsqu'on a fait ceux de plusieurs de ces machines, qui n'offroient d'autre perspective qu'une ascension des plus momentanées?

Quand même on apercevroit des corrections à faire, soit dans l'estimation du poids de celle de ces machines dont il s'agit, soit dans les dimensions à donner à cette machine, seroit-ce une cause suffisante à l'empêchement de son exécution, puisqu'il est presque impossible de ne pas commettre d'erreurs dans des détails aussi étendus? Ces erreurs même ne seroient-elles pas bientôt relevées, et les corrections facilement faites dans l'exécution, si cette exécution n'étoit confiée qu'à des mains habiles?

Les moyens que je propose étant d'ailleurs le fruit de réflexions qu'on eût pu faire aussi bien que moi, puisqu'il ne falloit qu'être observateur d'effets offerts par la nature aux yeux les moins clairvoyans, et en faire l'application aux aérostats, j'ai lieu de croire qu'ils seront aussi-tôt conçus qu'aperçus; cependant, ayant fait le premier ces réfléxions, on ne pourra sans doute s'empêcher de sentir que je n'ai pu les mettre au jour sans être entiérement rempli de mon sujet. On me jugera donc, ou du moins on doit me juger, plus en état que tout autre, qui voudroit exécuter d'après mes principes, d'être le directeur de la construction de cette machine, et le pilote qui doit en tenir le gouvernail. En qui pourroit-on même avoir plus de confiance, à cet égard, qu'en celui qui s'annonce pour ne vouloir rien négliger, soit dans l'instruction, soit dans l'exécution, de tout ce qui pourroit tendre à la perfection des aérostats.

IDÉE

IDÉE

DE LA

NAVIGATION AÉRIENNE,

D'après les principes qu'on vient d'établir.

Pour se former une idée de la navigation aérienne, non d'après les expériences qui ont été faites, mais d'après les principes qui viennent d'être établis, supposons un aérostat qui auroit reçu toutes les sortes de perfection dont on a vu que ces machines étoient susceptibles ; muni d'ailleurs d'une habitacle (I fig. III.), garnie des instrumens nécessaires, comme boussoles, thermomètres, aéromètres, baromètres, niveau d'eau, lunettes, etc.; prêt à être lancé du jardin des Tuileries, pour être dirigé vers Londres; c'est-à-dire, que tous ceux qui doivent être employés aux manœuvres fussent embarqués; les poches, ou agens d'ascendance et de descendance entiérement contractées, afin (l'excès de force d'ascension étant à zéro) que la machine pût rester à terre, sans qu'on eût besoin d'aucune force étrangère pour l'y retenir (ce doit être, comme on sait, l'effet de l'entière contraction des poches, l'aérostat ne devant obtenir d'excès de force d'ascension que de leur dilatation); et aussi, pour qu'on ne vît qu'un poisson dans cette machine, afin que l'expérience prêtât complétement à l'illusion, que les balanciers, les manœuvres et les voyageurs fussent masqués; à l'exception de quelques petites ouvertures, par des pavois de la couleur de l'enveloppe, qui régneroient des deux côtés, dans toute l'étendue de l'étranglement (fig. VIII). Fig. VIII

Cette ville (Londres) étant à-peu-près au nord-nord-ouest de Paris, s'il faisoit un calme parfait, il suffiroit, pour y arriver, de se diriger sur cet air de vent et de donner l'impulsion aux rames, ou agens de vîtesse; comme si le vent régnoit au sud-sud-est, de se laisser emporter par son courant, ou de chercher à le devancer par l'effort des rames, si on étoit pressé, et qu'on jugeât que ce courant ne fît pas faire assez de chemin : la seule précaution à prendre dans ce cas, seroit de manœuvrer de manière à ne pas dépasser le point d'arrivée, afin, si ce vent devenoit violent, de n'être pas nécessité à de grands efforts pour revenir sur ses pas : car si le vent régnoit au nord-nord-ouest; c'est-à-dire, qu'il fût absolument debout, et qu'il devînt très-violent, on n'auroit peut-être d'autre ressource, si on ne vouloit, ou si on ne pouvoit prendre terre, que de s'élever à une hauteur où l'on pourroit espérer d'être favorisé par un autre courant d'air, ou par un calme, ou petit vent, qui permît de faire route ; autrement si ce vent debout n'étoit pas trop forcé, il ne faudroit que redoubler d'effort ; la marche n'en seroit que retardée par sa résistance. Mais on fait ici abstraction de ce calme et de ces vents absolument favorables, ou contraires, et l'on suppose au sud-sud-ouest, celui qui régneroit au moment du départ, et assez fort pour emporter l'aérostat vers le nord-nord-est, de quatre toises et un pied par seconde, ou six lieues et six cens toises par heure. Ainsi emporté vers cet air de vent, qui forme un angle de quarante-cinq degrès avec la route à faire, l'aérostat, s'il n'étoit dirigé, n'arriveroit certainement jamais à sa destination. Pour opposer donc une autre force à celle qui emportera cette machine vers le nord-nord-est, il faudra, dès en partant, ou dès en dilatant les poches (puisqu'on sait que ce n'est qu'ainsi qu'on s'élevera), mettre le cap à l'ouest-nord-ouest; afin, par cette direction, de former un angle de quatre-vingt-dix degrés avec celle du vent: comme en donnant la plus forte impulsion aux rames, on a aussi supposé qu'on pouvoit parcourir en direction quatre toises et un pied par seconde, ou six lieues et six cens toises par heure, on fera donc deux routes égales en vîtesse, celle avec le courant d'air, et celle obtenue par l'impulsion donnée aux rames; on parcourera donc la diagonale d'un carré, dont les deux côtés perpendiculaires seroient sud-sud-ouest et nord-nord-est, et est-sud-est et ouest-nord-ouest; cette diagonale seroit donc sud-sud-est et nord-nord-ouest. Mais cette diagonale étant positivement la ligne qu'il eût fallu parcourir pour aller de Paris à Londres ; si on a démontré que l'aérostat l'auroit parcouru, dans cette supposition de vent au sud-sud-ouest, on a donc prouvé qu'il seroit exactement arrivé à sa destination, quoique ce vent ne l'y conduisît pas.

N'est-ce pas ainsi qu'on pourroit arriver à tout autre but designé, puisque, d'après ce qui vient d'être dit, et ce qu'on connoît de la perfection de notre aérostat, on doit apercevoir que l'éloignement de ce but ne doit pas plus y mettre obstacle que le vent contraire? en quoi cette navigation à connoître auroit encore de la supériorité sur celle connue ; puisque si l'on doit, en s'élevant, trouver un calme, ou un courant d'air différent de celui qui régneroit plus bas, on pourroit faire route avec toutes les sortes de vents, quelques violens qu'ils fussent ; il ne faudroit seulement, dans le cas de celui qui seroit traversier, qu'estimer exactement le déplacement que ce vent occasionneroit en dérive, afin de pouvoir décider le point où il faudroit cingler, et le degré de force à donner aux rames, pour pouvoir arriver positivement à ce but.

Nota. On pourroit de plusieurs manières varier l'effet des rames, soit en donnant une plus ou moins forte impulsion au balancier, soit en accélérant, ou en retardant son mouvement, soit en augmentant, ou en diminuant de son poids : pour se procurer ce dernier moyen on pourroit pratiquer des cases à la lentille dans lesquelles on mettroit les poids qu'on jugeroit nécessaires.

Quoique le voyage de Paris à Londres ne soit que le moindre de ceux qu'on pourroit entreprendre avec notre aérostat, il pourroit cependant nécessiter plusieurs manœuvres particulières, tant horisontales que verticales ; de les passer sous silence, ne seroit donc pas donner une idée complète de la navigation aérienne.

Par exemple, je suppose que chemin faisant, les habitans des villes sur lesquelles on passeroit fissent apercevoir qu'ils desireroient parler aux voyageurs aériens, pour se rendre à leurs instances, ne seroit-on pas obligé de contracter les agens d'assendance et de descendance; peut-être même de les dilater ensuite, si l'on voyoit qu'on descendît trop, et de répéter les manœuvres jusqu'à ce qu'on se fût établi à la hauteur où l'on pourroit entendre et être entendu? Ne seroit-on pas même nécessité à ces diverses manœuvres; peut-être à d'autres plus compliquées encore, comme à prendre une inclinaison descendante, (ne pouvant hasarder une continuité de contraction des poches dans la supposition que je vais faire), si traversant la Manche, la curiosité, ou tout autre motif, engageoit à descendre jusqu'à la portée d'une flotte, ou d'une escadre, avec laquelle on voudroit s'aboucher, dans ce cas là même, ne seroit-on pas forcé de lui jetter des amarres, pour s'empêcher de dériver (1) ? Et si, pendant ce voyage, on apercevoit un orage se former, comme il pourroit être du dernier danger d'en être accueilli, (le taffetas gommé n'isolant, ni de la grêle, ni d'une forte dilatation d'air), ne seroit-il pas de la prudence de mettre cet ennemi sous ses pieds? Quoique pour y parvenir il ne fallût pas atteindre à une très-grande hauteur, étant prouvé que les orages ne se forment que dans la basse région de l'air ; il faudroit cependant, peut-être le plus promptement possible, prendre une élévation au-dessus de l'ordinaire,

---

(1) Telle seroit la manœuvre à faire, si, traversant un océan, on étoit nécessité à demander des vivres à un vaisseau.

stationner à cette hauteur jusqu'à la fin de l'orage, même continuer à y naviguer si le vent étoit devenu absolument contraire et trop forcé pour espérer de pouvoir en surmonter l'effort : ou si ce vent, en changeant, étoit cependant encore resté traversier, en descendant, cingler vers un autre point qui feroit faire une nouvelle route, laquelle composée aussi avec le nouveau courant d'air, pût également faire arriver au but désigné.

A l'égard de la supposition d'orage dont nous venons de parler, ce seroit cependant une erreur de croire qu'un aérostat auroit continuellement à craindre l'effet de la foudre, puisque même, par la nature de son enveloppe, il s'en trouve isolé. Les vaisseaux, quoique violemment poussés par le vent, ne devant cependant être envisagés que comme des masses stagnantes, relativement au grand excès de vitesse que les courans d'air ont sur eux, peuvent, ainsi que tous les édifices qui présentent des pointes, attirer le tonnerre qui passe dans leur atmosphère et en être foudroyés ; mais un aérostat dirigé, dont la vitesse, en raison de cette direction, doit surpasser celle de ce courant ; pourroit-il, abstraction faite de son isolation, en être jamais atteint ? Ne doit-il pas plutôt devancer le nuage électrique, à moins qu'on eût eu la maladresse de le lancer dans ce nuage ? Alors, en effet, de cette affinité qui existe entre les corps de même nature, ou de même densité, il en résulteroit une si forte attraction que ce seroit surement en vain qu'on voudroit lutter contre cette force ; puisque, dans un instant indivisible, l'explosion seroit totale et l'aérostat en combustion.

Quoique ce que je viens de dire de cette nouvelle navigation ne soit que très-sommaire, n'ayant pas voulu m'étendre davantage sur ce sujet, on a cependant dû apercevoir qu'elle est susceptible de plus de sortes de combinaisons que l'ancienne: les manœuvres de celle-ci ont, il est vrai, rapport à deux élemens; mais un vaisseau ne cinglant que sur des parallèles à l'horison , n'offre pourtant que deux combinaisons à faire pour connoître sa route directe, pendant qu'un aérostat, pouvant cingler verticalement comme horisontalement, en offriroit nécessairement trois , savoir : deux pour les routes en direction et en dérive, et une de plus pour celles ascendantes et descendantes; car pendant que ce vaisseau feroit route sur une ligne inclinée à l'horison, celle sur sa parallèle seroit nécessairement retardée : il faudroit donc, pour pouvoir connoître positivement le produit de ces trois routes, les estimer chacune en particulier.

Mais si les routes ascendantes et descendantes, par des lignes inclinées à l'horison, retardent celles qui devroient lui être parallèles, la célérité de celle qui devroit faire arriver à un but proposé, qu'on eût le vent contraire, de l'arrière, ou traversier, dépendroit donc du moins qu'on feroit de ces routes inclinées, pendant qu'on cingleroit vers ce but : mais comme elle dépendroit aussi de l'exactitude à gouverner sur le même point, sans faire d'élans, ni à droite, ni à gauche, on doit juger combien cette navigation à connoître exigeroit de pratique. Il ne suffiroit donc pas d'être physicien, mécanicien, ou chymiste, et d'avoir travaillé toute sa vie dans des cabinets, ou des laboratoires, pour être expert dans les divers sortes de manœuvres d'un aérostat : elles exigeroient encore plus que celles d'un vaisseau, des mains qui y fussent accoutumées, et un coup d'œil actif et sûr, qui pût faire juger promptement et exactement l'agent à employer, et le degré de force à lui donner pour entretenir la direction sur un même plan et au même point.

Ces connoissances, dont j'indique la théorie, finiront donc, ainsi que celles qui ont eu rapport à l'ancienne navigation, par être soumises à la pratique; il y aura donc des pilotes aériens, comme il y a des pilotes marins. Si la réputation de ceux-ci dépend de la parfaite connoissance du gissement des côtes, des points de la mer où sont les rochers et les bas-fonds; des tems et des parages où l'on trouve certains vents, et certains courans permanens, ou périodiques, ainsi que de leur habileté à ordonner les manœuvres d'un vaisseau dans les circonstances critiques; celle des pilotes à former à la navigation aérienne dépendra aussi de la connoissance de la direction des divers courans d'air, non-seulement à tel tems et à tels parages, mais encore à telle hauteur ; ainsi que de l'exactitude qu'ils mettront dans l'estimation de la vitesse de celui dans lequel ils navigueront, afin de ne cingler que dans le point de l'horison qui devroit, en compensant cette vitesse, faire arriver positivement au but où l'on se seroit proposé d'atteindre en partant (1). Cette réputation dépendra encore, même particuliérement, de leur habileté à exécuter, ou faire exécuter les diverses manœuvres auxquelles ils pourront être nécessités pendant leur route, soit, ainsi que les poissons, dont on a dit qu'on doit en tout imiter les procédés, pour prendre à propos des inclinaisons ascendantes, ou descendantes (2), soit pour savoir au

---

(1) Il y aura une manière facile de faire cette estimation.

(2) On auroit déjà pu se former une idée de la

besoin s'élever, ou s'abaisser assez subitement pour pouvoir se mettre à l'abri des effets des trombes, des orages, ou autres météores, ou d'une dilatation subite de gaz dans une couche d'air qui pourroit se trouver beaucoup plus rare que celui du point de départ ; soit encore pour savoir juger la hauteur exacte où l'on seroit la nuit, ou pendant un brouillard épais, afin de décider l'élévation où il faudroit qu'il attînt pour ne pas courir les risques de toucher à des rochers, ou autres obstacles, qui pourroient être sur son passage. Soit enfin pour éviter ceux qui se trouveroient aussi en arrivant à sa destination, lesquels deviendroient également des écueils dangereux pour un pilote inexpérimenté ; car, dans le grand

navigation aérienne, si l'on avoit voulu se donner la peine de suivre des yeux ceux de ces animaux, dont on a été dans le cas d'observer les mouvemens.

nombre des connoissances qu'un pilote aérien devroit posséder, je fais abstraction de celle d'attaquer un aérostat, de l'accrocher, de le désemparer, de s'en rendre maître, ou de le précipiter du haut des airs ; ces choses étant du ressort de la guerre, et ne devant pas supposer qu'on veuille, du moins de sitôt, rapprocher cette navigation de cet art destructeur. J'ai donc cru ne devoir la présenter que sous l'emblême de la colombe qui porte la branche d'olivier: n'envisageant même cette nouvelle navigation que sous ce seul point de vue (1), de quelle utilité les aérostats ne pourroient-ils pas être ? Quelle reconnoissance ne devroit-on pas aux auteurs de la découverte de l'ascension et de la direction de ces machines,

(1) On pourroit envisager ces machines sous bien d'autres points de vue d'utilité, car ils sont innombrables.

ainsi qu'à ceux qui n'auroient pas craint l'effet de leur fragilité, si lorsque des puissances en guerre, ayant ordonné la cessation de toute hostilité, et étant cependant forcées d'en laisser commettre dans des parages éloignés, même pendant plusieurs mois, après la défense faite, faute de posséder des moyens pour la faire connoître plutôt, pouvoient, en armant au hasard des aérostats, y faire parvenir cette défense dans quinze jours, en moins de tems peut-être, et par cette célérité, empêcher des combats subséquens d'avoir lieu ?

Mais quoiqu'il ne paroisse pas qu'un aérostat dût être armé en guerre, il seroit cependant de la prudence, lorsqu'on entreprendroit un voyage de long cours, de se précautionner d'armes à feu, pouvant être nécessité à se poser sur un sol qui ne seroit habité que par des bêtes féroces, car je ne crois pas qu'on eût jamais besoin de prendre cette précaution contre les sauvages, les négres ou autres peuples non instruits; à coup sûr, cette machine seroit pour eux un monstre aérien, portant des divinités : bien ou mal faisantes, ainsi qu'ils pourroient les juger, ces divinités ne leur en seroient pas moins sacrées. A quel point ne pourroit-on pas monter son imagination sur la surprise où seroient ces hommes simples à l'aspect d'une telle machine! Mais rentrons en matière pour terminer ce traité; ce n'est pas ici le lieu de s'étendre sur ce sujet.

D'après tout ce que je viens de dire, on voit combien de sortes de connoissances il faudroit posséder pour être réputé un parfait navigateur aérien. Mais ces diverses connoissances ne pouvant s'acquérir dans des cinq à six heures de marche, ni dans des voyages de trente à quarante lieues; il faudroit donc, pour se former à cette navigation, en entreprendre qui exigeroient plusieurs nuits comme plusieurs jours de station dans l'atmosphère.

Pour exciter l'émulation de ceux qui voudroient s'adonner à cette nouvelle navigation, ne pourroit-on pas annoncer un prix en faveur de celui qui arriveroit le plutôt, partant d'un point donné, à un lieu aussi donné ? Par exemple, d'abord à Londres, puisque c'est cette ville qu'il paroît qu'on s'est toujours proposé de visiter la première ; puis à Vienne, à Madrid ou à Rome ; puis à Pétersbourg ou à Constantinople ; puis enfin à l'Amérique ou aux Indes orientales : en offrant un prix proportionné à cette longue carrière, on entreprendroit sûrement de la parcourir. Qu'auroit-elle même de si extraordinaire, lorsqu'on monteroit un aérostat qui auroit acquis autant de sortes de perfections que celui dont on vient de voir la description, lorsque j'annonce et que je prouve même qu'à son aide les voyages qu'on entreprendra, quelques grands qu'ils soient, seront terminés avec succès ? Cette rivalité et ce prix seroient sûrement le plus puissant des véhicules dont on pourroit faire usage pour obtenir la dernière perfection aux machines aérostatiques, et former des pilotes à la navigation aérienne : et il y auroit même un moyen sûr à employer, pour juger de cette perfection et de l'habileté de ces pilotes, ce seroit de faire exécuter diverses manœuvres, sur une surface aussi donnée.

Cette dissertation aura peut-être paru longue, cependant, s'il a pu en résulter quelques traits de lumières propres à éclairer ceux qui voudroient s'occuper à donner une plus grande perfection aux aérostats, qui seroit assez injuste pour vouloir m'en blâmer, sur-tout, si malgré cette longueur, j'avois encore laissé une infinité de choses à dire? J'ai d'ailleurs été forcé à plusieurs écarts pour prouver que l'ascension des corps graves, à l'aide des aérostats, que jusqu'ici on n'avoit regardé que comme un jeu d'enfant, par la persuasion où l'on étoit que jamais on ne dirigeroit les machines qui avoient procuré ce résultat, pouvoit cependant être de la plus grande utilité, par l'obtention de cette direction. Que d'ailleurs la navigation aérienne, suite nécessaire de la découverte de cette direction, étoit soumise à des principes certains, même très-étendus ; on a pu en juger. Je crois donc avoir satisfait à tout, dans ce traité tout sommaire qu'il est.

J'ai prouvé que l'opinion reçue contre la direction des aérostats étoit si bien dénuée de fondement que, même pour obtenir ce résultat, il ne falloit que leur donner une forme qui permît aux agens qui leur seroient adaptés, de surpasser en puissance la résistance du courant d'air, contre lequel ils devoient cingler; et j'ai démontré, en faisant apercevoir l'analogie que ces machines ont avec les poissons, que ce résultat seroit obtenu dans toute sa plénitude, dès qu'on auroit emprunté la forme, et imité les procédés de ceux de ces animaux les plus vîtes. Les détails dans lesquels je suis entré sur chacune des choses qui doivent composer l'ensemble de la nouvelle machine dont je propose l'exécution, auroient pu faire juger que, de cette forme et de la manière dont ces agens seroient adaptés, il devoit vraiment en résulter les effets annoncés; cependant j'ai cru devoir encore en faire une exacte analyse, afin que, rendant cette preuve pour ainsi dire, palpable, il ne pût plus rester de doutes sur l'obtention de la direction des aérostats, quoiqu'elle fût décidée impossible. Si, a faire cette preuve, je n'ai eu recours ni à l'algèbre, ni même à la géométrie, c'est que j'ai cru qu'on parvenoit mieux à persuader par des exemples et des rapports, pris dans la nature, que par des calculs abstraits, qui d'ailleurs ne sont pas toujours à la portée de bien des lecteurs ; mais malgré ce manque de preuves par les calculs (1), il ne doit pas moins en être résulté cette conviction, qu'avec un aérostat qui auroit reçu toutes les sortes de perfection dont il vient d'être parlé ; on pourroit, même sans aucune espèce de risques, du moins imminents, entreprendre les plus longs voyages, traverser les mers, pénétrer dans des pays inconnus, s'élever à des hauteurs auxquelles on n'a point

---

(1) Ces calculs devant être réservés pour l'exécution, il suffiroit que j'eusse démontré la possibilité de la direction pour avoir rempli mon objet.

encore atteint, descendre dans des lieux inaccessibles, et ce qu'il y a encore de plus essentiel, puisque c'est ce qui donne le mérite de l'utilité à cette machine, arriver positivement au but proposé, quelqu'éloigné qu'il soit.

Si ce n'est pas avoir résolu le problême de la direction des aérostats; si ce n'est pas même avoir été au-delà de la question, qu'on me le prouve, en instruisant mieux, et je renonce à ce projet: mais je crains si peu d'être forcé à ce sacrifice, que je suis entiérement persuadé que mes moyens sont les seuls qui feront obtenir ce résultat dans cette simplicité qu'exige la nature des machines aérostatiques: je crois même pouvoir assurer que ces moyens serviront en tout tems de principes et de base à la dernière perfection à donner à ces machines. Il ne me reste donc plus qu'à les mettre à exécution, afin de convaincre que la pratique sera si bien d'accord avec la théorie qu'on n'aura plus à desirer que cette dernière perfection, que le tems seul donne à tous les arts.

FIN.

ERRATA.

Page xiij, Lentile, *lisez* Lentille.

Pages 11, 21, 34, 116, appercevoir, apperçu, j'apperçois, appercevables, *lisez ces mots avec un seul* p.

Page 23, complettement, *lisez* complétement.

Page 37, *ligne* 5, consolidées, *lisez* perfectionées.

Page 37, soupappe, *lisez* soupape.

Pages 43, 47 *et* 48, Piqueure, *ou* piquure, *lisez* piqûre.

Pages 49 *et* 58, aplatti, applattir, *lisez* aplati, aplatir.

Page 50, *ligne* 11, disparurent, *lisez* ont disparu.

Page 58, sourlieure, *lisez* sourliure.

Page 64, *ligne* 8, orifices, ou gaines mobiles, *lisez* orifices et gaines mobiles.

Page 72, groupper, *lisez* grouper.

Page 76, *ligne* 11, parallélograme, *lisez* parallélograme rectangle.

APPROBATION.

J'AI lu, par ordre de Monseigneur le Garde des Sceaux, un manuscrit intitulé: *Essai sur la Navigation aérienne et description d'une Machine aérostatique, qui sera dirigée à volonté*, etc.; et je n'y ai rien trouvé qui puisse en empêcher l'impression. A Paris, ce 22 Septembre 1788.

BRALLE.

PERMISSION.

LOUIS, par la grace de Dieu, roi de France et de Navarre : A nos amés et féaux conseillers, les gens tenans nos cours de parlement, maîtres des requêtes ordinaires de notre hôtel, grand-conseil, prévôt de Paris, baillifs, sénéchaux, leurs lieutenans civils, et autres nos justiciers, qu'il appartiendra: Salut. Notre amé le sieur SCOTT, capitaine de dragons, nous a fait exposer qu'il desireroit faire imprimer et donner au public un *Essai sur la navigation aérienne et description d'une machine aérostatique, qui sera dirigée à volonté, à l'aide de laquelle, les plus longs voyages seront entrepris avec succès*; s'il nous plaisoit lui accorder nos lettres de permission pour ce nécessaires. A ces causes, voulant favorablement traiter l'exposant, nous lui avons permis et permettons par ces présentes, de faire imprimer ledit ouvrage autant de fois que bon lui semblera, et de le vendre et débiter par tout notre royaume, pendant le tems de cinq années consécutives, à compter du jour de la date des présentes. Faisons défenses à tous imprimeurs, libraires et autres personnes, de quelque qualité et condition qu'elles soient, d'en introduire d'impression étrangère dans aucun lieu de notre obéissance : A la charge que ces présentes seront enregistrées tout au long sur le registre de la communauté des imprimeurs et libraires de Paris, dans trois mois de la date d'icelle; que l'impression dudit ouvrage sera faite dans notre royaume et non ailleurs, en bon papier et beaux caractères; que l'impétrant se conformera en tout aux réglemens de la librairie, et notamment à celui du 10 Avril 1725, et à l'arrêt de notre conseil du 30 Août 1777, à peine de déchéance de la présente permission; qu'avant de l'exposer en vente, le manuscrit qui aura servi de copie à l'impression dudit ouvrage, sera remis dans le même état où l'approbation aura été donnée, ès-mains de notre très-cher et féal chevalier, gardedes-sceaux de France, le sieur BARENTIN ; qu'il en sera ensuite remis deux exemplaires dans notre bibliothèque publique, un dans celle de notre château du Louvre, un dans celle de notre très-cher et féal chevalier, chancelier de France, le sieur DE MAUPEOU, et un dans celle dudit sieur BARENTIN ; le tout à peine de nullité des présentes : Du contenu desquelles vous mandons et enjoignons de faire jouir ledit exposant et ses ayans-cause, pleinement et paisiblement, sans souffrir qu'il leur soit fait aucun trouble ou empêchement. Voulons qu'à la copie des présentes, qui sera imprimée tout au long, au commencement ou à la fin dudit ouvrage, foi soit ajoutée comme à l'original. Commandons au premier notre huissier ou sergent sur ce requis, de faire, pour l'exécution d'icelles, tous actes requis et nécessaires, sans demander autre permission, et nonobstant clameur de haro, chartre normande, et lettres à ce contraires : Car tel est notre plaisir. Donné à Paris, le vingt-neuvième jour du mois d'Octobre, l'an de grâce mil sept cent quatre-vingt-huit, et de notre règne, le quinzième. Par le roi, en son conseil.

LE BEGUE.

Registré sur le registre XXIV *de la chambre royale et syndicale des libraires et imprimeurs de Paris, n.* 1822, *fol.* 74, *conformément aux dispositions énoncées dans la présente permission: et à la charge de remettre à ladite chambre les neuf exemplaires prescrits par l'arrêt du conseil du* 16 *Avril* 1785. *A Paris, le vingt-cinq Novembre* 1788.

Signé, KNAPEN, Syndic.

De l'imprimerie de SEGUY-THIBOUST, place Cambrai.

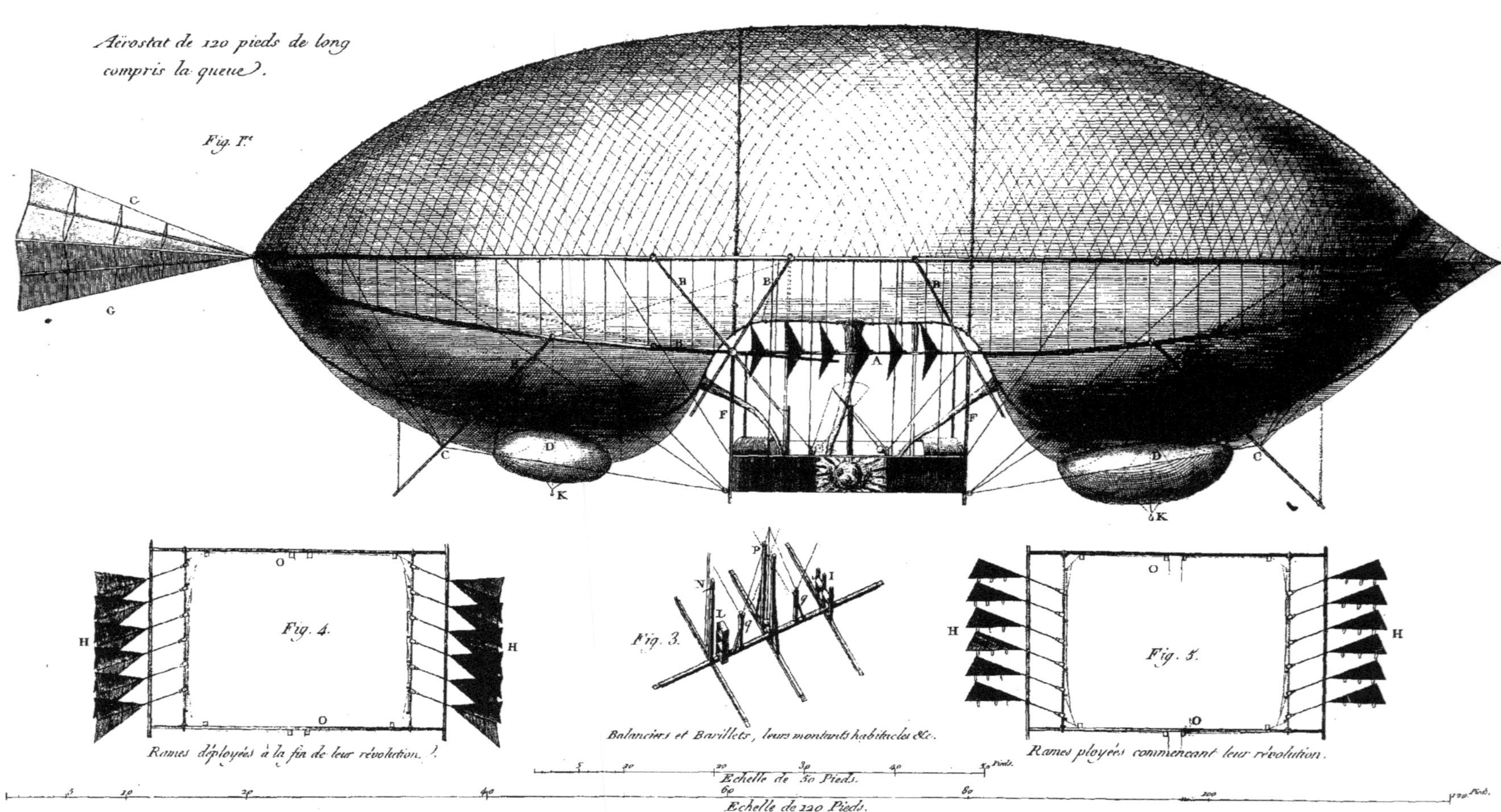

Aërostat de 120 pieds de long compris la queue.
Fig. I.re
C
G
B
B
B
A
F
F
D
D
C
C
K
K
O
O
H
H
Fig. 4.
Rames déployées à la fin de leur révolution.
P
N
I
L
q
q
Fig. 3.
Balanciers et Barillets, leurs montants habitacles &c.
O
O
H
H
Fig. 5.
Rames ployées commençant leur révolution.
Echelle de 30 Pieds.
Echelle de 120 Pieds.

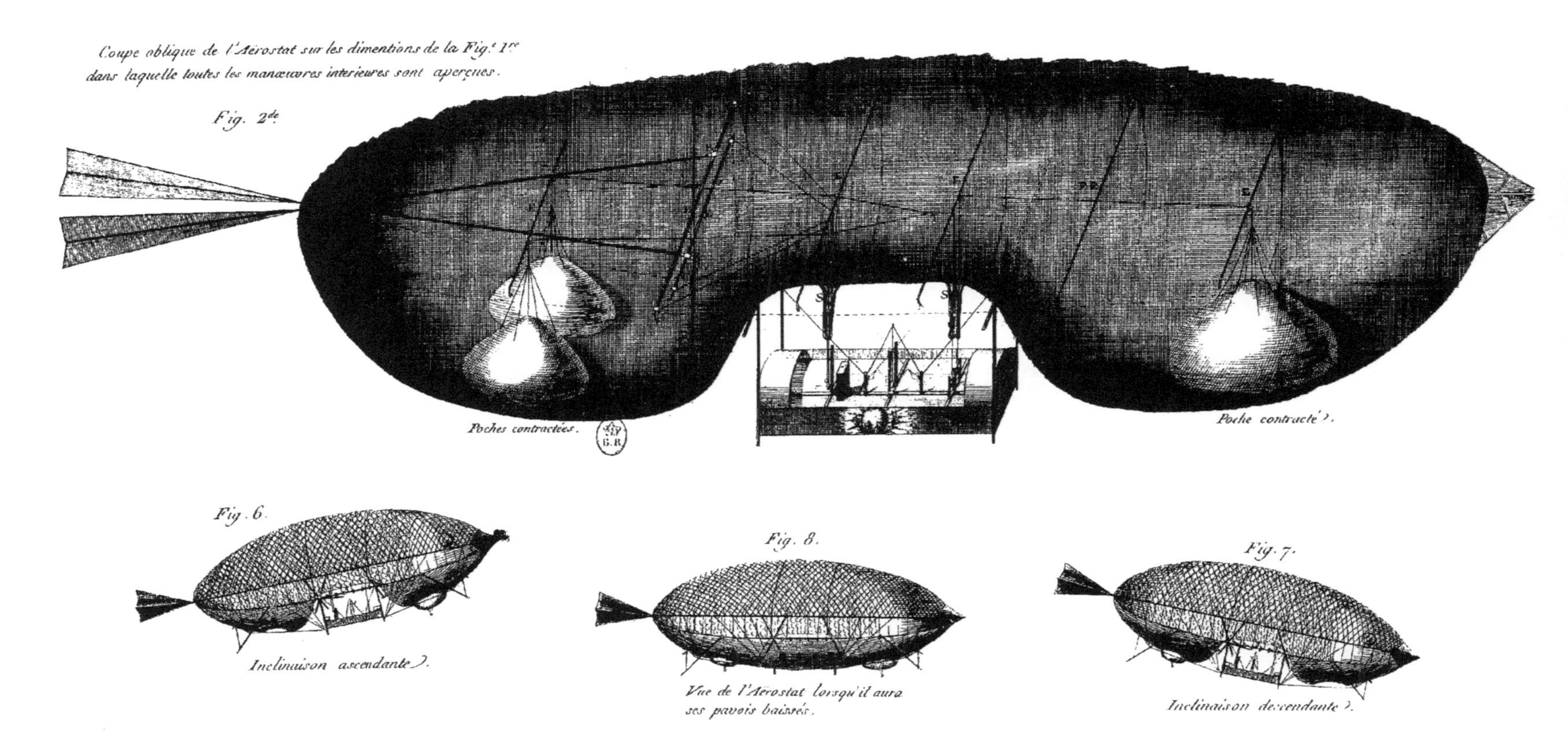

Coupe oblique de l'Aérostat sur les dimentions de la Fig.e 1.re
dans laquelle toutes les manœuvres interieures sont aperçues.
Fig. 2.de
Poches contractées.
Poche contracté).
Fig. 6.
Inclinaison ascendante).
Fig. 8.
Vue de l'Aérostat lorsqu'il aura
ses pavois baissés.
Fig. 7.
Inclinaison descendante).

www.ingramcontent.com/pod-product-compliance
Ingram Content Group UK Ltd.
Pitfield, Milton Keynes, MK11 3LW, UK
UKHW012219240726
13966UKWH00003B/854

9 782013 430562